MANUEL

DU

PROPRIÉTAIRE

D'ABEILLES,

D'APRÈS UNE NOUVELLE MÉTHODE,

RÉDIGÉ EN FORME DE DICTIONNAIRE.

PAR L.-F. CANOLLE,

PROPRIÉTAIRE-AGRICULTEUR, MEMBRE DE PLUSIEURS SOCIÉTÉS SAVANTES.

Utile dulci.

MARSEILLE,

IMPRIMERIE MILITAIRE DE DUFORT CADET.

SE VEND CHEZ TOUS LES PRINCIPAUX LIBRAIRES
DES DÉPARTEMENS.

1829.

EXPLICATION
DES PLANCHES.

PREMIÈRE PLANCHE.

1. Abeille mâle ou faux-bourdon.
2. Abeille femelle ou reine-mère.
3. Abeille neutre ou mulet, ou abeille ouvrière, portant sur les pattes postérieures une pelote de pollen.
4. Trompe de l'abeille, vue au microscope.
5. Aiguillon de l'abeille et ses dépendances, avec la petite vessie située à sa base, renfermant le fluide vénéneux.
6. Morceau de rayon composé d'alvéoles de différentes capacités.
7. Cellules royales situées sur les bords du morceau de rayon.
8. Cellule coupée par un plan parallèle à son axe, pour y voir l'œuf de l'abeille.
9-10. Ver d'abeille roulé dans sa cellule à la deuxième période de son accroissement.
11. Ver transformé en nymphe à la troisième période du couvain.

DEUXIÈME PLANCHE.

1. Ruche en bois usitée dans le nord de l'Europe.
2. Ruche en planche.
3. Ruche en osier.
4. Ruche en écorce de liége.
5. Ruche en paille.
6. Ruche bombée.

A

AVERTISSEMENT.

Monsieur le Préfet du Var, dans l'intérêt du département confié à son administration éclairée, voulut bien m'honorer de son suffrage pour aller suivre à Paris un Cours pratique sur l'éducation des Abeilles que feu M. Lombard, membre de la Société royale d'agriculture, fesait, il y a quelques années, aux élèves qui lui étaient adressés par MM. les préfets du royaume. Au retour de cette mission instructive, je fis à ce Magistrat un rapport succinct de ce que j'avais vu et observé sur l'état actuel de la culture des abeilles ; je joignis à ce rapport le récit des essais heureux que j'avais tentés dans un *rucher d'expériences* que je fis construire pour cet objet. La Société d'agriculture du département du Var accueillit favorablement mes efforts, pour améliorer dans le département cette branche intéressante de l'économie ru-

rale ; elle inséra mon mémoire dans le
bulletin qu'elle publie ; depuis lors beaucoup de cultivateurs viennent visiter mon
rucher , et m'engagent à donner plus
d'extension à mon travail et d'indiquer
la manière de construire des ruchers
semblables à celui que j'ai fait bâtir pour
mes expériences.

Le désir d'être utile me détermine à
donner à ma méthode la publicité dési-
rée, et, pour être à la portée de l'intelligence de toutes les classes de propriétaires, j'ai traité dans l'ordre alphabétique
chaque sujet relatif à la culture des abeilles. La forme de dictionnaire , laquelle
manquait à cette branche intéressante de
l'économie rurale , m'a paru se présen-
senter sous un aspect plus varié : le
lecteur choisit plus facilement la partie
qui l'intéresse davantage ; un simple
campagnard qui ne cherche, avec raison,
que des moyens faciles et économiques
pour faire prospérer ses abeilles , ne lira
que l'article concernant les *apiés* , dont
je fais connaître les avantages et les
moyens de constructions ; je sens qu'il

lui importe peu de savoir que l'abeille respire par des trachées ou par des poumons, pourvu que les moyens indiqués soient utiles. Ces connaissances sur l'histoire naturelle de ces insectes, qui m'ont fourni l'idée de construire des logemens d'abeilles calculés sur leur instinct et leur naturel, ne doivent point être indifférentes à la plupart des cultivateurs portés à les aimer par reconnaissance, et à s'instruire de ce qui intéresse leur économie vivante consacrée à nous procurer des profits et les plus douces jouissances.

Le but de cet ouvrage est d'être utile aux propriétaires de tous les climats qui cultivent ou désirent cultiver ces insectes précieux. Celui qui possède une habitation de campagne et qui voudra jouir de l'agrément de récolter la provision de miel nécessaire à son ménage, l'article *Apié-domestique* lui en fournira les moyens. Ceux qui désirent faire cette culture d'une manière lucrative, mettront en exécution ce qui est indiqué dans les articles *Apié Champêtre*, *Exploitation*

A*

des abeilles en grand. Les amateurs des sciences naturelles liront avec quelque intérêt les articles *Physiologie de l'abeille, Accouplement, Génération, Fécondité, Fécondation, Multiplication, Ponte, Couvain, etc.* Les curieux ne dédaigneront pas de parcourir les articles concernant l'histoire morale de ces insectes, laquelle est liée aux articles *Gouvernement, Société, Mœurs, Police, Combat, Travaux et Ouvrages des abeilles.* Enfin, la partie économique du Dictionnaire du propriétaire d'abeilles, comprise dans les articles *Essaim, Ruche, Ruchers, Dépouille, Manipulation du miel et de la cire,* y est traitée d'une manière applicable à la pratique de la nouvelle méthode, ainsi qu'à celle de la culture ancienne.

INTRODUCTION.

On se plaint partout de la dépopulation des abeilles, et la consommation de
leurs produits semble augmenter journellement : il est facile d'expliquer la cause
de cette différence de consommation
avec les productions de ces insectes
précieux. Les idées monarchiques , inséparables des idées religieuses , exigent
dans les temples des éclairages qui con-
tribuent autant à augmenter la consommation des cires que ceux des appartemens de luxe. Aussi nous dépensons
depuis quelque tems des millions pour
faire venir du Nord de l'Europe les cires
de nos fabriques , et nous allons chercher sur les côtes de l'Afrique les miels
que notre sol nous verse à pleines mains,
mais qui restent perdus, faute d'ouvrières
pour les ramasser. Frappé de ces vérités ,
j'ai tâché de connaître la cause de la
diminution du produit de ces insectes

industrieux ; mes recherches m'ont fait
naître ces réflexoins. Il est prouvé que
la prospérité des abeilles, dépend de
l'état plus ou moins favorable des saisons, des ressources que la végétation
leur offre, mais principalement des
avantages et des commodités que leurs
habitations leur procurent. Jusqu'à présent la culture des abeilles bien loin de
suppléer aux maux qui les menacent,
bien loin de tendre à leur conservation,
ne tend le plus souvent qu'à leur destruction, et, ce qui est encore plus affligeant, c'est de penser que les effets
provenant de l'intempérie des saisons,
semblent en quelque sorte l'ouvrage de
l'homme. En effet, nous éprouvons tous
les jours que les déboisemens généraux
dont on se plaint amèrement partout,
produisent des phénomènes météorolo-
giques qui semblent intervertir l'ordre
des saisons: ici, des ouragans dévasta-
teurs ; là, des sécheresses calamiteuses;
plus loin, des inondations déplorables;
enfin, dans beaucoup de pays, les récoltes de première nécessité deviennent

presque nulles. Au milieu de ces écarts du monde physique, l'abeille cherche en vain les ressources qu'elle avait coutume de trouver dans les champs et dans les bois, et, ses produits, bien loin de nous donner quelques profits, suffisent à peine pour entretenir sa chétive existence. En attendant que l'homme soit moins porté à sacrifier aux jouissances du présent, les plus belles perspectives de l'avenir, tâchons de modifier, s'il est possible, les effets d'un système si contraire aux intérêts les plus chers de la société. Dans cette vue, je me suis occupé des moyens qui peuvent pallier les maux résultant des intempéries atmosphériques et des déboisemens généraux dont les abeilles sont les victimes. Si cet insecte ne trouve plus comme aux tems jadis des ressources qui favorisaient ses travaux pendant la plus grande partie de l'année, du moins procurons-lui un logement qui lui permette de mettre à profit la courte durée des jours qui peuvent lui être favorables. Il est prouvé que les abeilles peuvent combler leurs magasins dans un petit espace de tems et multiplier à proportion de leurs provisions et des commodités de leurs logemens, par conséquent leur culture doit être basée sur ce principe. Pour me confirmer dans cette opinion, je me suis livré à des études spéculatives pour connaitre l'organisme de ces insectes. A l'aide d'instrumens proportionnés à la petitesse des objets que je voulais explorer, j'ai disséqué les organes qui constituent la vie animale de l'abeille, j'ai suivi le jeu de ces organes pour pouvoir en expliquer les fonctions, enfin, j'ai osé entrevoir la cause vitalisante qui les fait croître et agir ; le dessein que je me suis proposé dans cette étude difficile et attrayante en même tems, a été de connaitre le caractère, le naturel de ces insectes, afin de pouvoir mieux leur appliquer la culture la plus convenable.

On observe dans tous les pays où l'on cultive les abeilles, que les matériaux employés à leurs habitations ne leur procurent que des logemens incommodes et mal-sains, que ces logemens ne se

prêtent nullement à leur activité et à leur
fécondité prodigieuses. Ces inconvéniens
m'ont déterminé à tenter des essais pour
pouvoir y obvier. J'ai fait construire un
rucher d'expérience, dans lequel j'ai disposé des loges combinées, d'après le
principe que j'ai avancé. Je suis convaincu
maintenant que l'art de cultiver les abeilles consiste à leur procurer des logemens
sains et commodes qui favorisent leurs
récoltes et leur multiplication, et qui les
mettent à l'abri des intempéries des saisons et des attaques de leurs nombreux
ennemis. Les cultivateurs qui voudront
profiter de ces vérités, et dont la plupart conviennent, s'empresseront de
renoncer à l'usage des anciennes ruches,
dont la dépense est à peu près la même
que celle de la construction de mes loges.

Tels sont les motifs qui m'ont dirigé
dans ce travail sur ma nouvelle méthode
de cultiver les abeilles ; on voit que le
plan que j'ai adopté dans l'étude de leur
histoire naturelle et dans la pratique de
leur partie économique, n'a rien de
commun avec celui qu'on trouve dans

les nombreux traités sur ces insectes. Heureux si mes essais, couronnés par le succès le plus complet, sont de quelque utilité aux propriétaires qui cultivent ou désirent cultiver cette branche intéressante de l'économie rurale.

A Roquebrussanne, près Brignoles, et à mon rucher expérimental, le 1er mars 1829.

MANUEL
DU PROPRIÉTAIRE D'ABEILLES.

———❦———

ABE

ABEILLE, *Apis mellifica* de Linnée, espèce du genre *Apis* de l'ordre des hyménoptères ; famille des mellites ou apières.

On donne le nom d'abeille à cette nombreuse famille d'insectes ailés ressemblant aux mouches, ce qui les fait appeler vulgairement mouches à miel.

Les Entomologistes ont décrit jusqu'à soixante-neuf espèces d'abeilles ; les plus remarquables sont les bourdons, les abeilles percebois, les abeilles maçonnes, les abeilles qui creusent la terre pour y placer leurs nids ; les abeilles coupeuses-de-feuilles, les abeilles-tapissières, les abeilles qui construisent leurs nids avec des membranes soyeuses ; enfin les abeilles sauvages et les abeilles domestiques. Ces dernières ayant plus de droit à notre reconnaissance par les services qu'elles nous rendent, nous nous attacherons plus particulièrement à ce qui intéresse leur histoire naturelle, afin de mieux connaître ce qui concerne la manière de la cultiver le plus avantageusement possible.

I

La plupart de ces différentes espèces d'abeilles vivent en corps de société, dont le but de leur travaux a pour fin la conservation de l'individu et de l'espèce. Elles appartiennent à la classe des insectes ailés, à cause des incisions plus ou moins profondes dont leur corps est comme partagé : leur organisation extérieure est presque la même. Les parties dures qui composent les os et qui occupent ordinairement l'intérieur de l'organisme des autres animaux, est placé ici extérieurement et forme une espèce de cuirasse qui renferme les organes essentiels de la vie de l'individu. Le corps de l'abeille est divisé en tronc et en extrémité ; le tronc comprend la tête, le corselet, le ventre ; les extrémités comprennent quatre ailes, deux de chaque côté, attachées latéralement au corselet, et six jambes attachées aussi au-dessous du corselet ; les organes renfermés dans l'intérieur de l'abeille, sont : la moelle spinale, les vaisseaux de la circulation, le sac digestif, les trachées et les muscles qui la font mouvoir. Les caractères physiques qu'on rencontre dans la famille nombreuse des abeilles étant presque les mêmes, les caractères moraux offrent peu de différence : les lois qui régissent leur société sont les mêmes ; et le but qu'elles se proposent dans leurs moyens réproductifs et dans leurs travaux tendent vers la même fin.

ABEILLE CIRIÈRE. Depuis qu'on a reconnu que ce n'est pas la poussière prolifique des fleurs qui fournit la matière première de la cire, mais que c'est plutôt le miel, comme il est prouvé par le résultat des expériences qui ont été faites pour s'assurer de la réalité de ce fait intéressant, on appelle *abeilles cirières* celles qui récoltent le miel. Cette substance subit dans leur estomac une analyse chimique qui la convertit en cire, pour servir ensuite de matériaux à la construction de leurs édifices. Les jours où le miel abonde dans les fleurs ou sur la surface des feuilles de certains arbres, les abeilles qui en font la récolte en reviennent remplies et leur abdomen paraît alors cylindrique.

ABEILLE DOMESTIQUE. L'origine des abeilles domestiques remonte aux tems les plus reculés. La fable nous apprend que Jupiter fut nourri avec du miel dans un grotte du Mont dicté dans l'île de Crète, par une nymphe appelée Melisse, et qui fut ensuite métamorphosée en abeille à cause de sa rare beauté. La plante qui porte le nom de cette nymphe appelée *Melisse*, recherchée avec avidité par les abeilles, semblerait, en quelque sorte, donner l'explication de l'origine de cette fable et de l'étymologie du mot *miel*. Tous les historiens des abeilles reconnaissent qu'elles ont vécu primitivement dans les forêts; sans doute que ces insectes industrieux et prévoyans, pour se mettre à l'abri des intempéries atmosphériques et des attaques de leurs nombreux ennemis, choisirent les cavités des rochers, les creux des arbres pour y établir leur demeure. Dans ces tems reculés, l'homme, toujours avide de satisfaire et varier ses goûts et ses besoins, en trouvant l'occasion de goûter la saveur du produit de ces insectes, imagina les moyens de se les approprier. Il façonna une demeure conforme à celle que les abeilles sauvages habitaient, soit en creusant le tronçon d'un arbre, soit en entrelaçant en forme de panier les tiges flexibles de quelques arbustes. Il força pour lors le premier essaim, qu'il trouva suspendu à la branche d'un arbre, à habiter la nouvelle demeure qu'il lui avait construit; telle paraît être l'origine des abeilles domestiques et des moyens que l'homme a employés pour jouir du fruit de leurs travaux.

Les individus qui vivent en corps de société dans une ruche, sont distingués en mâles, femelles et mulets ou abeilles ouvrières.

ABEILLE FEMELLE, *voyez* ABEILLE REINE-MÈRE.

ABEILLE MALE. Sa ressemblance avec
les bourdons lui a fait donner, par les naturalistes, le nom de *faux-bourdon*; il est beaucoup plus gros que la femelle et les mulets ou
abeilles ouvrières; il est pourvu de quatre ailes
et six jambes, dont les postérieures n'ont
point, comme celles des ouvrières, cet enfoncement entouré de poils destiné à contenir
la poussière prolifique qu'elles ramassent sur
les fleurs. Leurs dents et leurs trompes sont
beaucoup plus petites et plus courtes que celles
des abeilles ouvrières. Le corselet, ainsi que
les extrémités sont noires et très-velues; le
ventre est lisse et dépourvu d'aiguillon; on
voit à l'extrémité du ventre un petit corps
charnu, terminé par deux petits crochets qui
forment les parties sexuelles. Les mâles exhalent, pendant le tems des essaims, une odeur
particulière, qui se fait sentir à proximité des
ruches. Voir *Anatomie physiologique de l'a-
beille; Génération, Multiplication, Accouplement.*

Le corps du mâle est composé de deux substances formant les organes de l'individu, mais
dans des proportions plus fortes et analogues
à son sexe. Il est divisé en tronc et en extrémité: le tronc est divisé en corselet, tête et
ventre; le corselet qui occupe le milieu du

I *

corps est très-velu, il renferme les organes les plus essentiels de la vie animale, tels que les trachées, les vaisseaux circulatoires, la moelle spinale, l'estomac et ses dépendances, et le système musculaire : la tête est située au devant du corselet, où elle est unie par la continuation des vaisseaux de la circulation de la moelle spinale et du tube digestif; sa forme est arrondie, aplatie sur le devant, renfermant les organes sensoriaux ; on y remarque cinq yeux, deux à réseau très-saillans et volumineux, situés aux parties latérales supérieures, et trois autres yeux lisses placés près des antènes qu'on voit s'élever près de la partie moyenne de la tête ; la bouche située inférieurement, est pourvue de dents et d'une trompe beaucoup plus petite que celles des abeilles ouvrières ; le ventre tient à la partie postérieure du corselet, par la continuation des principaux organes ; cette cavité, formée de six anneaux qui vont en diminuant de diamètre jusqu'à l'anus, renferme l'estomac, le tube intestinal et les organes générateurs qu'on voit sortir près de l'anus en pressant un peu cette partie sous la forme de deux crochets, au milieu desquels on voit un petit corps charnu ; les ailes, au nombre de quatre, rangées par paire, deux supérieures et deux

inférieures, beaucoup plus petites ; elles tiennent latéralement au corselet par des ligamens
capsulaires et par les tendons des muscles qui
les font mouvoir ; ces tendons, par leurs nombreuses ramifications sur la surface des ailes ,
forment des petites mailles qui sont recouvertes
par une membrane mince et transparente ; les
petites ailes , situées au-dessous des premières,
présentent la même organisation : les jambes
sont distinguées par paires antérieures , mitoyennes et postérieures , et tiennent inférieurement au corselet par des ligamens capsulaires,
et intérieurement par les tendons des muscles
qui exécutent leurs mouvemens. Elles sont
composées de cinq pièces unies entre elles par
des ligamens qui leur permettent des mouvemens en tous sens ; leur forme , le nombre de
pièces , leur terminaison ressemblent à celles
des abeilles femelles et ouvrières , avec cette
différence, comme nous l'avons dit , que la
troisième pièce des jambes postérieures n'a
point de cavité extérieurement.

ABEILLE NEUTRE. Elle porte encore le
nom d'ABEILLE OUVRIÈRE.

ABEILLE MULET , parce qu'elle est privée de parties sexuelles. Elle est la plus petite
de la famille ; elle offre extérieurement et intérieurement des particularités remarquables ,

qu'on ne voit point chez les mâles et les femelles. Son corps , composé ainsi que les individus de son espèce , des mêmes substances ; divisé aussi en tronc et en extrêmité , présentant les mêmes conformations , renfermant les mêmes organes , (voir *Anatomie physioloque de l'abeille*) , avec cette différence essentielle que l'abeille ouvrière est pourvue de deux estomacs : le premier , situé dans l'arrière-bouche , sert de réservoir au miel qu'elle vient de ramasser pour le transporter dans leur magasin ; le second , situé dans la cavité abdominale , jouit de la faculté de convertir le miel en cire , que l'abeille regorge ensuite en forme de bouillie , pour servir de matériaux à ses ouvrages.

Les particularités qu'on remarque extérieurement sur l'abeille neutre , sont une petite cavité qu'on voit sur la troisième pièce des jambes postérieures , entourée de poils longs pour retenir les pelottes de pollen , que les jambes mitoyennes y déposent au moyen des petits poils qui forment une espèce de brosse sur la quatrième pièce des jambes mitoyennes ; c'est avec l'extrêmité des jambes que l'abeille ramasse les poussières prolifiques dont son corps se recouvre lorsqu'elle fait cette récolte. Voir *Pollen* , *Miel* , *Travaux* , *Ouvrages* , *Anatomie physiologique de l'abeille.*

ABEILLE OUVRIÈRE. Voir **ABEILLE NEUTRE.**

ABEILLE REINE-MÈRE., elle s'appelle aussi *abeille-femelle*, parce qu'elle donne naissance à tous les individus qui composent la colonie. L'abeille femelle est composée de deux substances ; l'une dure ou partie contenante, et l'autre molle ou partie contenue, formant les organes essentiels de la vie de l'individu. Le corps est divisé en tronc et en extrémité : le tronc comprend la tête, le corselet et le ventre ; les extrémités sont quatre ailes, deux de chaque côté, et six jambes rangées par paires ; la tête, un peu aplatie sur le devant, est terminée inférieurement en pointe ; deux grands yeux à réseaux et saillans, situés aux parties latérales supérieures de la tête, dans l'intervalle desquels on voit plusieurs inégalités, d'où s'élèvent deux antennes ; le sommet de la tête arrondi, porte au milieu trois petits yeux lisses ; la partie inférieure se termine par deux espèces de serres ou machoires, qui s'ouvrent et se ferment horizontalement : ces machoires convexes extérieurement et concaves intérieurement, ressemblent assez à une gorge formant la bouche de l'individu.

Au-dessous des dents, on voit un corps qui s'allonge en forme de bec et qui diminue insen-

siblement jusqu'à son extrêmité : c'est ce qu'on
appelle la *trompe*. Cet organe est composé de
cinq pièces différentes : on voit, sans le secours
de la loupe, que la pièce du milieu qui est la
plus longue, est recouverte de petits poils
dans tout son trajet, réunis en faisseau pour
former une espèce de balais que l'abeille plonge
en tous sens dans la liqueur miellée qu'elle
recueille sur les fleurs : les autres pièces de la
trompe, creusées intérieurement et situées sur
les parties latérales de la pièce du milieu, lui
servent de fourreau, lorsqu'elle est en repos.
Dans cet état, elle s'avance jusqu'à l'extrêmité
des dents et se recourbe sur le corselet ; lorsque cet instrument est en action, il s'avance
directement hors de la tête, et son extrêmité,
qu'on voit hors de son fourreau, plonge et
replonge dans la liqueur miellée, qu'elle veut
ramasser : c'est alors que l'extrêmité de la
trompe enduite de miel, se retire vers la bouche pour y exprimer cette substance.

La tête de l'abeille femelle renferme l'organe
encephalique et ses dépendances : elle tient
au corselet par un cou très-court et flexible. Le corselet, situé entre la tête et le
ventre, renferme une partie de la moelle spinale, les organes respiratoires, ceux de la circulation, l'estomac et l'appareil innombrable

des muscles qui font mouvoir les ailes et les jambes de l'individu. Son ventre est composé de six anneaux, de substance semblable à celle qui recouvre l'habitude du corps. Ces anneaux vont toujours en diminuant de diamètre, pour former l'anus de l'individu ; ils se joignent entre eux par recouvrement, au moyen d'une membrane élastique qui les unit réciproquement et se prête, en même tems, aux mouvemens qu'exigent le jeu des fonctions organiques. Le ventre tient au corselet par la continuation de la moelle spinale, des vaisseaux circulatoires et du tube digestif. La cavité abdominale renferme l'estomac ; le tube intestinal, la terminaison de la moelle spinale et des vaisseaux de la circulation ; enfin, les organes reproducteurs de l'espèce, qui donnent à cette partie ce renflement sensible qu'on ne voit pas chez les individus mâles et neutres. L'abeille femelle est pourvue, comme les neutres, d'un aiguillon. (Voir *Anatomie physiologique de l'abeille*). Les extrémités de l'abeille femelle, sont quatre ailes, dont deux supérieures et deux inférieures beaucoup plus petites, six jambes distinguées en paires antérieures, mitoyennes et postérieures.

Les deux ailes supérieures, placées chacunes latéralement, tiennent au corselet par des li-

gamens et par les tendons des muscles qui les
font mouvoir : ces tendons, en se divisant et
se subdivisant sur la surface des ailes, forment
des petites mailles qui sont recouvertes par
une membrane mince et transparente sous l'apparence d'une gaze très-fine. Leur forme est
ovale et petite, proportionnellement à celle des
ouvrières, car elles recouvrent à peine les trois
premiers anneaux du ventre de l'insecte.

Les jambes antérieures, mitoyennes et
postérieures de l'abeille femelle, ne diffèrent
pas beaucoup entre elles ; celles du milieu sont
un peu plus longues et ont ordinairement cinq
lignes de long et composées comme les autres,
de cinq pièces de substance dure, de forme cylindrique. La partie qui part du corselet est
la plus courte, et s'unit à la seconde pièce,
qui est la plus longue, et diminue d'épaisseur
pour s'articuler avec la troisième ; celle-ci, est
oblongue et se joint avec la quatrième pièce,
qui n'est point hérissée de poils comme celle
des ouvrières ; enfin, la cinquième pièce, unie
à la quatrième, ressemble à un pied délié,
composé de plusieurs pièces, dont la dernière
est terminée par deux crochets, au moyens desquels les abeilles se tiennent unies entre elles
lorsqu'elles s'agglomèrent en grappe à la branche d'un arbre ou dans l'intérieur de leurs
logemens.

ABEILLE SAUVAGE. Nos abeilles domestiques ont vécu primitivement dans les
bois, dans les cavités des rochers ; l'instinct
qui les porte à rechercher leur ancienne demeure, lorsque le logement que nous leur pro-
curons ne leur convient pas, prouve encore
mieux leur origine. Aujourd'hui que nous
cultivons des abeilles domestiques, nous don-
nons le nom d'abeilles sauvages aux abeilles
qui logent dans les cavités des rochers, dans
les creux des arbres. Ces insectes vivent en
corps de société comme les abeilles-domesti-
ques, divisés en trois ordres d'individus, de
mâles, de femelles et de neutres : leur gouvernement est le même ; elles se propagent
par les mêmes moyens ; elles se livrent aux
mêmes travaux, construisent les .mêmes ouvrages, elles amassent du miel et de la cire
avec les mêmes instrumens, forment des rayons
composés de deux rangs de cellules, dont le
nombre, la capacité et la régularité offrent
peu de différence avec ceux des abeilles domestiques ; elles y déposent leurs pontes qui
suivent les mêmes transformations ; enfin, leur
corps de société représente un ménage patriar-
chal bien ordonné, dont les enfans de la famille se partagent les travaux, relativement
à leurs forces et à leur âge. La durée de leur

vie est courte , comme celle de tous les insectes ailés ; mais leurs races se perpétuent de
génération en génération , à raison des avantages que leur procurent leurs logemens , à raison des difficultés que présentent leurs habitations sauvages , peu accessibles à la cupidité
des hommes.

Les abeilles sauvages conservent leurs caractères primitifs. Lorsqu'on a occasion de ramasser leurs essaims , il faut user de ménagement pour les accoutumer dans les logemens
qu'on leur a préparé; ils les abandonnent très-
souvent pour regagner leur première demeure.
Nul doute que les abeilles sauvages sont les
aïeulles de nos abeilles domestiques ; j'éprouve
un sentiment de peine , quand je vois les amateurs de miel attaquer ces insectes dans leurs
retraites pour leur ravir les provisions qu'elles
ont ramassées avec tant de fatigues : je regarde
les loges des abeilles sauvages comme des pé-
pinières qui entretiennent l'économie de nos
ruchers domestiques ; à ce titre, elles méritent
nos égards et notre reconnaissance. [Dans
certaines contrées, les essaims qui sortent des
loges sauvages sont innombrables; ils viennent,
en quelque sorte, réparer les pertes auxquelles
nos ruches domestiques sont si souvent exposées.

Dans le pays que j'habite, où nous avons
l'avantage de cultiver les abeilles domestiques,
nous avons également celui de voir multiplier
et prospérer les abeilles sauvages. On dirait
que dans cette contrée la nature s'est plue à
fournir à ces insectes des logemens nombreux,
commodes et agréables. Près de notre village,
s'élève un paysage digne d'être habité par un
Aristée : on arrive à ce site romantique, que
nous appelons *les Horri*, par un sentier bordé
de pins et d'arbustes toujours verts ; des prairies émaillées de fleurs s'élèvent en amphithéâtre aux pieds d'énormes rochers qui, d'une forme bizarement taillée à pic, se perdant dans les
nues, et viennent se groupper en demi-cercle,
pour donner à ce site l'aspect le plus pittores-
que et le plus imposant. L'air de vétusté que
la main du tems a imprimé sur ces masses cal-
caires, entrecoupées par des crevasses qui livrent passage à une infinité d'essaims d'abeilles,
contraste avec la fraicheur des mousses et des
lichens qui naissent à l'envi sur leurs inégalités; des touffes de romarin, de thim et d'autres
plantes aromatiques ajoutent à cette tapisserie
vivante une décoration dont la variété est
inexprimable : le silence de ces lieux n'est
troublé que par le murmure des ruisseaux qui
s'échappent de quelques grottes, et dont les

eaux limpides , après avoir serpenté à travers
les boccages d'alentours , viennent tomber
joyeusement en cascade sur les tapis de verdure
qui couvrent cet amphithéâtre enchanteur ;
enfin, au chant des oiseaux répété par les échos
du voisinage, se mêle le bourdonnement de
mille et mille abeilles qui s'empressent de
cueillir le miel sur les fleurs , qu'elles transportent incontinent dans leurs cités voisines.
C'est du milieu de ce jardin de la nature sauvage , dont les murs éternels sont tellement
escarpés , qu'ils semblent être suspendus sur
la tête du spectateur , qu'on aperçoit la chaîne
des montagnes de la Ste-Beaume. Ce site , qui
rappelle tant de souvenirs historiques , se dessine dans un beau lointain qui s'étend agréablement vers le soleil couchant. Ce beau paysage
est habité par une famille heureuse qui , sans
peine, sans souci , vit du lait de ses chèvres
et du miel qu'elle récolte dans les concavités
des rochers peuplées d'essaims d'abeilles qui
entourent sa maison rustique.

L'esprit de curiosité m'a porté quelquefois
à assister à la dépouille de ces ruches sauvages ; j'ai vu avec intérêt , 1° que la capacité
de ses loges , servant d'habitation aux abeilles
sauvages , leur permet de se multiplier à raison de l'abondance de miel et de cire repandue

dans les campagnes. 2° Que leur population
plus nombreuse les mettaient mieux à même de
se garantir des rigueurs de l'hiver, par conséquent mieux en état de résister aux attaques de
leurs ennemis et de jeter des essaims plus vigoureux. 3° Enfin, que cette même capacité
de leurs logemens, leur facilitait les moyens
de se perpétuer et de fournir une récolte de
miel et de cire incomparablement plus abondante que celle des plus grandes ruches domestiques. Telles sont les observations qui ont
servi de base au système que j'ai adopté pour
cultiver avantageusement les abeilles, système
dont le succès, éprouvé dans les loges de mon
rucher expérimental, ne me laisse rien à désirer; j'ai taillé l'an passé dans une de mes
loges, un rayon de miel qui a pesé, en présence de plusieurs propriétaires d'abeilles, plus
de trente livres; le total de la dépouille s'est
élevé à près de cent livres.

L'art de cultiver les abeilles ne consisterait
donc qu'à leur procurer des logemens convenables, capables de se prêter à leur multiplication et à recevoir leurs récoltes, subordonnées
à l'abondance plus ou moins grande de miel et
de cire répandue dans les campagnes.

2 *

ACCOUPLEMENT. C'est la jonction des
parties sexuelles du mâle avec celles de l'a-
beille femelle. Dans cette union , le mâle éja-
cule sur les germes ou les œufs contenus dans
les ovaires de la femelle , la liqueur qui doit
la féconder.

Le besoin de s'accoupler se fait sentir chez
tous les animaux d'une manière qui prouve que
tous les organes de l'économie vivante doivent
prendre une part voluptueuse à l'accomplissement d'un acte qui doit produire un être qui
leur sera semblable. Aussi les animaux choi-
sissent de préférence les lieux solitaires pour
se livrer sans trouble , sans réserves aux plaisirs attachés à leurs accouplemens amoureux.
Les abeilles , qui semblent mettre des intentions sentimentales dans tout ce qu'elles font ,
s'éloignent du bruit de leurs cités tumultueuses,
pour aller s'accoupler dans les régions silen-
cieuses de l'air : comme cet accouplement s'o-
père dans des lieux qui ne permettent point
d'observer les circonstances qui précèdent et
accompagnent cette union mystérieuse, cette
difficulté a fait naître des opinions diverses sur
la manière dont la copulation s'accomplit chez
les abeilles. Swammerdan , qui a disséqué
avec exactitude les parties sexuelles du mâle
et de la femelle abeille , reconnaît que la posi-

tion, les disproportions des différentes parties génératrices s'opposent à l'accouplement : la courbure sur le dos des organes générateurs du mâle, exigerait, selon lui, que la femelle monte sur le mâle pour que l'union des parties genitales s'opérât convenablement. M. de Réaumur, scrutateur infatigable des secrets de la nature, pour s'assurer de la réalité de ce fait, plaça un couple d'abeilles sous un poudrier de vérre ; il vit avec étonnement que la femelle prodiguait au mâle les soins les plus empressés, les caresses les plus tendres ; elle lui présentait avec complaisance du miel au bout de sa trompe, léchait amoureusement toutes les parties de son corps, tournait et retournait tout autour de lui, en redoublant ses baisers. Le mâle, froid à tant d'agaceries, semblait les recevoir comme si elles lui étaient dues ; enfin, il parut s'animer ; il approcha ses antennes contre celles de la femelle, et ses mouvemens annoncèrent qu'il n'était point insensible aux plaisirs de l'hymen ; il prit une attitude propre à répondre aux désirs de sa compagne ; celle-ci monta sur son dos, approcha vivement l'extrêmité de son ventre vers eelle du mâle pour recevoir la courbure de son organe générateur ; les parties sexuelles, continue M. de Réaumur, ne restèrent qu'un ins-

tant en contact , et quelques momens après le
mâle tomba dans un état de langueur et ne
survécut que quelques instans aux plaisirs de
l'accouplement. D'autres faits, qui viennent à
l'appui de l'opinion sur l'accouplement , se
trouvent consignés d'une manière persuasive
dans une lettre que M. Hubert, observateur
très-éclairé , écrivait , il y a peu de tems , à
M. Lombard , qui cultive , près de Paris , les
abeilles avec le succès le plus mérité. « L'é-
» trange manière , dit-il dans sa lettre , dont
» se féconde la reine-mère , est une des choses
» qu'on a le plus de peine à croire : rien n'est
» heureusement plus facile que de le voir de
» ses propres yeux. Il ne faut pour cela que
» rétrécir la porte des ruches de manière qu'elle
» ne puisse donner passage qu'aux ouvrières :
» pour diminuer cette ouverture, on choisira le
» moment qui suit l'établissement du 2ᵐᵉ et
» 3ᵐᵉ ou 4ᵐᵉ essaims, à la tête desquels sont
» toujours des reines-vierges. On rétrécira la
» porte au moyen d'un grillage en fil de fer
» engagé au travers. A l'heure de la sortie des
» mâles, on les verra , ainsi que la jeune reine,
» se présenter en dedans; on verra faire à celle-
» ci tous ses efforts pour sortir de prison , et
» ronger à belle dents la barre qui lui fait
» obstacle : il ne faut pas la faire attendre

» long-tems ; les mâles en s'entassant vers la
» porte pourraient l'étouffer. Une fois mise en
» liberté, on l'a verra prendre l'essor, il fau-
» dra rétrécir la porte pour qu'elle ne puisse
» rentrer à l'insçu de l'observateur ; ce n'est
» point à la première excursion qu'elle sera
» fécondée et qu'elle en rapportera les preu-
» ves. Un la laissera rentrer, on la renfermera ;
» au bout d'un quart-d'heure, ou environ, on
» la verra, comme la première fois, ronger
» la grille et partir au vol quand elle le pourra ;
» pour cette fois, son absence sera de vingt à
» trente minutes, trouvant à son retour la porte
» barricadée, elle se posera sur la table de la
» ruche : c'est là qu'il faut la saisir, ce qui
» se peut sans courir le risque d'être piqué ; ne
» songant alors qu'à se délivrer du corps étran-
» ger qu'elle porte avec elle, et dont elle se
» débarassera dans les mains de l'observateur :
» s'il compare alors ce qu'il aura dans la main,
» avec les parties dont j'ai donné le dessin,
» il les reconnaîtra pour celles du mâle qui l'a
» fécondée. »

Ces faits, constatés par des expériences aussi
décisives, prouveraient que l'accouplement des
abeilles s'opérerait réellement à la manière
d'une infinité d'insectes ailés qui appartiennent
à la famille nombreuse des mouches, à la ma-

nière aussi du papillon femelle, du ver-à-soie,
qui reste plusieurs jours accouplé à un mâle et
qui meurt après l'émission de la liqueur fécondante.

Les naturalistes ont observé que les jeunes
reines peuvent s'accoupler avec le mâle depuis
le sixième jusqu'au vingtième jour après leur
sortie de leurs cellules royales. Un seul accouplement les rend fécondes pour deux ans. Quarante-six heures après la fécondation, les femelles commencent leurs pontes par des œufs
qui doivent produire des abeilles-ouvrières. *Voir
Génération, Fécondation, Fécondité, Multiplication, Ponte des abeilles, Couvain.*

A C H

ACHAT DES RUCHES D'ABEILLES.
Lorsqu'on veut former un rucher, et qu'on est
dans le cas d'acheter des ruches-mères pour le
peupler, on pourra estimer à leur pesanteur la
quantité de miel et de cire dont elles peuvent
être approvisionnées, ainsi que du nombre d'a-
beilles qui l'habitent. Une ruche qui pèse de
30 à 40 livres sera d'une force sur laquelle
on pourra compter. Il faut en même tems jeter
un coup-d'œil dans l'intérieur des rayons, pour
examiner s'ils ne sont pas trop noircis, ce qui

prouverait leur ancienneté, s'il n'y a pas de moisissures aux bas des gâteaux ; enfin, si l'intérieur de la ruche répand une odeur agréable : toutes ces considérations doivent servir de base pour fixer le prix des ruches qu'on achète. Dans beaucoup de pays, il y a des propriétaires d'abeilles qui ont la simplicité de croire que la vente des ruches-mères porte malheur à leur rucher. Ils ne sauraient se décider à les céder, qu'en les échangeant pour des denrées. Il me semble que cette croyance est en faveur du propriétaire de ces insectes précieux. Elle prouve le cas que nous en devons faire ; qu'il faut les conserver soigneusement et jamais penser à les vendre. Les préjugés populaires, qui le plus souvent sont nés de l'ignorance et de l'absurdité, entretiendraient dans cette circonstance une opinion dictée par la plus sage économie de la part de nos ancêtres.

Lorsqu'il se présente l'occasion d'acheter des ruches-mères ou des essaims, il ne faut jamais délibérer si on doit en faire l'acquisition ; il faut, au contraire, s'empresser d'assurer leurs achats : pourtant lorsqu'on sera libre de choisir le temps, il faut préférer d'acheter en février ou en mars, parce qu'à cette époque si les abeilles ont passé la mauvaise saison, et qu'il leur reste encore des provisions, ces ruches sont estimées et susceptibles de prospérer.

Il y a des économes qui conseillent d'acheter les ruches-mères à plus d'une demi-lieue de distance de l'endroit où on veut les placer, autrement une partie des abeilles achetées pourraient retourner dans leur ancien domicile et seraient perdues pour l'acheteur. Cependant, je puis assurer que des ruches-mères que j'ai placées à une moindre distance de l'endroit où je les avais achetées, les abeilles ne sont point retournées dans leur ancienne demeure : apparemment que le logement que je leur avais préparé dans mon apié leur offrait des avantages qu'elles ne trouvaient pas dans celui qu'elles avaient quitté.

Quand on fait l'acquisition de plusieurs ruches, on les marque pour les reconnaître ; lorsqu'il s'agira de les transporter, l'enlèvement ne peut se faire qu'après le coucher du soleil, c'est-à-dire après que toutes les abeilles seront de retour des champs. Les ruches à transporter doivent être enveloppées de serpillières, afin que les abeilles ne puissent en sortir et ne manquent pas d'air ; en les plaçant, il faut avoir l'attention que l'entrée de la ruche soit toujours tournée en haut ; cette précaution est de rigueur : dans cette position, les gâteaux sont placés verticalement et moins susceptibles de se froisser réciproquement ; les alvéoles qui renferment du miel se trouvent à la partie inférieure, et ceux qui sont vides à la partie supérieure ; dans cette position l'économie de la ruche est moins sujette à des accidens fâcheux, que si les rayons se trouvaient horizontalement. S'il ne s'agit que d'un petit nombre de ruches achetées, on les transportera à dos d'homme, ou sur des civières, ou sur des bêtes de somme. Quand il s'agit d'un certain nombre, on les transporte sur des charettes, qu'on couvre de paille, afin d'amortir les secousses du roulage; ensuite on les place dans la situation convenable, on les assujetti pour qu'elles ne ballottent; disposées de cette manière, les ruches arrivent en bon port : demi-heure après leur arrivée, on détache les serpillières qui les couvrent; si les abeilles sont tranquilles on les place sur les supports qu'on leur aura destinés. On cite une infinité d'exemples qui prouvent qu'on peut transporter à des distances très-éloignées les ruches, sans le moindre inconvénient. *Voir Voyage des ruches.*

ANA

ANATOMIE PHYSIOLOGIQUE DE L'A-BEILLE. La description de la conformation extérieure des individus qui composent la so-

3

ciété des abeilles se borne , comme on le voit dans les articles *Abeilles mâles , femelles* et *neutres ,* à montrer la forme , l'étendue , le nombre , la contexture , enfin les rapports mutuels . des parties extérieures et intérieures qui constituent l'économie vivante de l'insecte. Dans cet article , nous considérerons ces mêmes parties sous des points de vue plus intéressans ; nous les examinerons isolément afin de pouvoir raisonner plus ou moins faiblement sur l'ensemble des phénomènes qui constituent sa vie animale.

L'économie vivante de l'abeille se compose de deux substances , l'une solide occupant l'extérieur de l'insecte , et l'autre molle et liquide contenue dans la première. Les combinaisons infinies de ces substances forment par leur structure , par leurs rapports , par leurs actions et leurs réactions , les organes qui exécutent les fonctions appropriées à la naissaece , au développement , à la conservation , à la propagotion , enfin à la destruction de l'individu. Le mécanisme de la vie de l'abeille est mis en mouvement par des moyens organiques très-variés et très-multipliés , et conspirant vers le but général , qui a pour fin la conservation et la propagation de l'espèce.

Les organes dont les fonctions sont le plus

essentielles à la vie animale , sont ceux qui la
mettent en contact avec l'air atmosphérique.
Ce fluide , qui joue le plus grand rôle dans le
monde physique , agit sur l'économie vivante
d'une manière très-importante. C'est par l'intermédiaire des organes pulmonaires que son
influence vitalisante se fait sentir dans les
plus petites fébrilles qui entrent dans la composition de l'organisme animal.

Nous examinerons séparément chaque organe
avant d'entrer dans les détails des fonctions
qu'ils exécutent. C'est avec une extrême dé-
fiance de nous-mêmes que nous parlerons de ces
agens physiques qui font mouvoir la fabrique
animale de ce petit insecte : la nature s'enfonce
ici dans des profondeurs qui exigeraient des
yeux plus clairvoyans ; en réfléchissant néanmoins que la nature, inépuisable dans ses moyens
reproductifs, opère en petit , comme elle opère
en grand, nous aurons recours aux connaissances que la portée de nos sens nous a permis
d'acquérir sur le mécanisme des grands , pour
raisonner sur celui qui fait agir l'économie vivante des petits : cet aperçu général est un essai que je me suis permis de faire sur l'économie vivante de l'abeille , étudiée sur l'économie vivante de l'insecte.

Les organes qui exécutent les fonctions ani-

males sont composés de fibres dont la texture,
les propriétés semblent former un composé de
toutes les substances animales.

Les trachées font, chez les abeilles, l'office
d'organes pulmonaires ; leur nombre est très-
considérable ; on en compte vingt principales,
dix de chaque côté, placées latéralement au
ventre et au corselet. Deux genres de vaisseaux
forment, par leur entrelacement, le parenchis-
me des trachées; les orifices des premiers, placés
extérieurement en forme de bouche, appelés
stigmates, se portent de déhors en dedans en se
ramifiant en spirale, et s'abouchent par leurs
extrêmités aux ramifications vasculaires des
vaisseaux sanguins. C'est dans l'union intime
des vaissaux aériens avec les vaisseaux sanguins, que s'opère la décomposition chimique
de l'air atmosphérique dont les effets sont si
essentiels à l'entretien de la vie organique.

Les vaisseaux circulatoires. Le cœur, qui est
le réservoir du sang chez la plupart des animaux, est remplacé ici par deux gros vaisseaux
qui règnent dans toutes les cavités du tronc de
l'individu. Ces deux vaisseaux, qui portent et
reportent le sang, se ramifient dans les tissus
de tous les organes. Les plus remarquables de
ces ramifications sont celles qui se distribuent
dans les trachées, dans la moëlle spinale, dans

le système musculaire, dans le canal alimentaire, dans les organes générateurs, enfin, dans la plus petite fibre, pour y transmettre les qualités vitalisantes du fluide sanguin ; ce fluide est de couleur blanchâtre.

La moelle épinière se présente sous la forme d'un cordon de substance médulaire, qui s'étend de la tête à l'anus de l'individu. On remarque dans ce trajet des éminences en forme de nœud ou ganglion, qui paraissent autant de petits cerveaux, dont le principal occupe la cavité de la tête. Ces petits corps médulaires fournissent des nerfs qui vont se distribuer dans les vaisseaux de la circulation, dans les trachés, dans les organes sensoriaux, dans le système musculaire, dans le canal alimentaire, enfin, dans les parties de la génération : les nerfs sont cylindriques pour transmettre dans tous les systèmes de l'animalité le fluide nerveux, principe du mouvement et du sentiment.

Les muscles de l'abeille sont les organes du mouvement. Ils ont la forme de petit paquet de fibres molles, flexibles, blanchâtres, contractiles, réunis en faisseau sous l'enveloppe dure de l'insecte, qui leur sert de point d'appui et d'attache lorsqu'ils se contractent pour exécuter les mouvemens de l'abeille. La *trompe* de l'abeille est musculeuse, située sur la bouche;

3 *

elle se présente sous la forme d'un bec alongé, hérissé de petits poils, avec lequel l'abeille ramasse le miel répandu dans les fleurs.

Les parties dures de l'abeille sont placées extérieurement, au lieu que ces mêmes parties occupent l'intérieur de la plupart des animaux pour servir de charpente à leur machine animale. Ici, les parties dures forment extérieurement une espèce de cuirasse qui défend des impressions extérieures les organes de la vie, et sert de point d'appui aux muscles qui s'y attachent. Cette enveloppe est molle et flexible pendant les périodes où l'individu se présente sous la forme de ver : elle prend une consistance plus ou moins crustacée à mesure qu'il quitte l'état de nymphe ou de crysalide ; c'est alors qu'elle prend la forme parfaite qu'elle doit conserver pendant la durée de la vie de l'individu. C'est aussi vers cette époque, où ces parties se recouvrent de poils plus ou moins longs pour les garantir des chocs qui pourraient les blesser et pour intercepter les effets nuisibles que la poussière pourrait causer sur l'orifice de leurs nombreuses trachées ; l'abeille se sert de ces poils pour ramasser la poussière prolifique des fleurs.

L'estomac de l'abeille mâle et femelle est d'une organisation plus simple que celui des

abeilles ouvrières ; on n'y trouve qu'un seu
ventricule, tandis que l'ouvrière en a deux ; il est
placé dans la cavité abdominale correspondant
avec la bouche par un canal appelé œsophage ,
qui lui transmet les alimens. Les mâles et les
femelles ne participent point aux travaux des
ouvrières ; les fonctions de leur estomac ne se
bornent qu'à digérer les alimens, pour être con-
vertis en suc nutritif, qui s'assimile aux fluides
sanguins par le canal de communication qui
existe entre le premier intestin et les vaisseaux
de la circulation. Les intestins , qui sont des
prolongemens de l'estomac , finissent à l'anus,
où ils transmettent au dehors les parties des
alimens impropres à la nutrition.

L'estomac de l'abeille-ouvrière est composé
de deux ventricules , jouissant des facultés
relatives aux fonctions qu'il doit remplir : le
premier, situé dans l'arrière-bouche , sert de
réservoir au miel que l'abeille a cueilli avec sa
trompe sur les fleurs , pour être transporté
dans ses magasins ; le second , situé dans la cavité abdominale, communiquant ensemble par
un canal qui lui transmet le miel qui doit être
converti en cire.

Les parties genitales du mâle peuvent être
regardées comme un appareil divisé en parties
qui préparent le liquide fécondant, et en parties

qui le transmettent au dehors : Les parties génitales de la femelle présentent, au-dessous de
l'anus, une ouverture pour l'intromission de la
liqueur fécondante, dans le fond de laquelle
se trouve les ovaires qui forment un amas de
petites vessicules qui sont de véritables œufs.

Telle est la forme, la texture, la situation,
les liaisons réciproques des organes qui constituent la vie de l'abeille ; je me suis attaché, dans
leur examen, à suivre l'ordre naturel dans lequel
ils agissent : l'étude des organes pulmonaires,
qui sont les premiers à agir, m'a conduit à
celle des vaisseaux circulatoires, dont les rapports paraissent si liés entre eux, et l'influence
de ceux-ci, pénétrant dans tous les tissus,
dans les plus petites fibres de l'individu, m'a
fait entrevoir les rapports de vitalité que les
organes encephaliques, musculaires, ceux de
la nutrition reçoivent de l'organe pulmonaire,
par l'intermédiaire de la liqueur sanguine. Cet
aperçu général sur les rapports mutuels des organes vitaux n'est qu'une faible esquisse d'un
tableau qui exigerait un crayon plus exercé,
plus digne de la difficulté du sujet. Cet aveu
doit m'excuser si j'ose entrer dans les détails
de l'art qui donne l'ame et la vie à une si belle
compostion.

Les fonctions animales sont les effets des organes vitaux dont les jeux particuliers, d'accord avec ceux qui résultent de l'effet général, forment cette harmonie admirable qui règne dans l'économie vivante. De toutes les fonctions vitales qui coopèrent le plus éminemment à mettre en jeu la machine animale de l'abeille, celle qui s'opère dans les trachées est la plus importante. En effet, la vie de l'individu commence et finit dans ces organes qui semblent en quelque sorte communiquer le principe vitalisant à toutes les parties de l'animal. Leur texture particulière les met en rapport avec l'air atmosphérique : ce fluide si subtil, inspiré par les vaisseaux aériens, y subit une décomposition, en vertu de laquelle ses parties oxigénées ou vitalisantes se combinent au sang contenu dans les ramifications vasculaires des trachées, et ses parties axotiques et carboniques, impropres à l'assimilation animale, en sont expulsées par l'expiration. Ces mouvemens alternatifs, très-apparens sur l'abeille pendant les beaux jours, se font remarquer sur l'habitude de son corps, par la raison que les organes pulmonaires ou les trachées y sont répandus, suivant l'expression des physiolosistes, avec une espèce de profusion.

Les fonctions vitalisantes peuvent être regardées comme les plus essentielles, par les preuves d'une expérience la plus décisive : si on bouche les stigmates de leurs trachées par quelques corps gras ou avec de la poussière, toutes les fonctions animales sont suspendues et l'abeille meurt ; en enlevant la cause qui a intercepté le passage du fluide aérien ou vitalisant , les trachées reprennent leurs jeux, qui, en se communiquant aux autres fonctions , semblent faire ressusciter l'animal : ainsi , l'air par les combinaisons chimiques qui s'opèrent dans l'organisme des trachées pulmonaires , peut être regardé comme principe vitalisant de l'économie vivante , principe qui communique ses propriétés par la voie des vaisseaux sanguins à toute la machine.

Ce haut degré de vitalité dont jouissent les animaux qui respirent par des trachées , se fait encore mieux remarquer dans d'autres circonstances. En divisant le tronc d'une abeille en même tems qu'on divise celui d'une souris , on voit que les parties divisées de l'animal pourvu de trachées, donnent incomparablement plus long-tems des signes de vie que l'animal respirant par la voie des poumons. Le nombre de trachées qui augmente la somme de vitalité, ne procure qu'une chaleur plus ou moins intense. Cette différence a fait distinguer les animaux en sang chaud et en sang froid. Les in-

sectes pourvus de nombreuses trachées , chez
qui la chaleur est plus ou moins latente, appartiennent à cette dernière classe. La multiplicité
de ces organes porterait à croire que l'air agi-
rait encore chez ces individus qui parcourent
si rapidement ce fluide d'une manière mécanique , analogue à celle dont les poissons et les
oiseaux se servent pour monter et descendre
dans l'élément où ils vivent. Qui sait si l'air
n'agit point dans l'opération chimique qui convertit le miel en cire dans l'estomac de l'a-
beille ? Cette question mériterait l'attention
des chimistes modernes , à qui nous devons
tant de découvertes importantes. Admettons
donc que les organes des trachées communi-
quent leurs principes vitalisans aux fluides
sanguins qui pénètrent les tissus de tous les
organes, où il subit des épurations el des combinaisons nouvelles.

C'est dans les ganglions où le fluide sanguin,
entretenu par le suc nutritif , animé du principe vitalisant, subit une épuration particulière
pour filtrer ce fluide subtil , stimulant, appelé
nerveux, qui est l'ame des sens et des mouvemens musculaires.

Le sens de *la vue* s'opère chez les abeilles
par des moyens magiques : ces petites inégalités qui donnent une forme ronde et chagrinée

aux yeux de l'abeille, sont regardés comme autant de petits yeux qui ont chacun leur nerf optique et leurs cornées, formant par leur réunion un corps arrondi. Swammerdan en a compté seize mille, jouissant chacun de la sorte de vision dont l'abeille avait besoin pour élever dans l'obscurité de leurs logemens des ouvrages parfaits ; ces yeux si multipliés sont immobiles ; sans doute, que leur nombre et leur organisation particulière compensent ce défaut de mobilité.

L'organe de *l'odorat* paraît avoir son siége dans les antennes ; ces deux filets si mobiles, composés de quinze anneaux articulés ensemble, jouissent de la faculté ophaltique à un degré élevé. L'abbé de la Rocca croit que les abeilles sentent le miel de quatre à cinq lieues; elles sont très-sensibles aux bonnes odeurs ainsi qu'aux mauvaises. Elles apportent une grande attention à écarter de l'intérieur de leurs loges tout ce qui pourrait affecter désagréablement la délicatesse de cet organe. Le sens de l'odorat est très-exquis chez ces insectes, qui leur fait distinguer les fleurs qui abondent le plus en miel et en poussière fécondante.

Les abeilles jouissent du sens de *l'ouie*, quoique les naturalistes n'aient pas encore reconnu le siége de cet organe. Les effets que produisent les sons bruyans sur leurs organes auditifs sont très-connus. En frappant quelques coups sur une ruche peuplée, on en voit sortir de suite un grand nombre, qui rentrent à mesure que le bruit cesse.

La faculté du *tact* doit être très-obtuse sur des individus dont la peau est dure et couverte de poils.

L'organisation de la fibre nerveuse élabore, filtre dans l'organe du cerveau ou dans les ganglions, qui en font les fonctions chez les insectes. Ce fluide vitalisant, qui donne l'ame aux sens et constitue la vie intellectuelle; ce fluide nerveux, dont le sang a fourni les premiers élémens, transmet au système musculaire la faculté de se contracter et de se relâchar pour exécuter les mouvemens infinis que nécessite l'action du vol, du marcher, ceux qu'exigent la confection de leurs travaux et les besoins naturels de la vie animale de l'abeille. Il aurait été à désirer que l'étonnant anatomiste des muscles d'un insecte qui rampe péniblement, le célèbre Lionet, eût porté son scapel sur la machine animale de cette mouche si active, si industrieuse; nous aurions alors des idées plus exactes sur le nombre: sur la structure de ces leviers nombreux qui exécutent des ouvrages si parfaits.

4

Les parties génitales de l'abeille mâle et femelle présentent des particularités non moins étonnantes. *Voir Génération, Accouplement, Fécondation, Multiplication des abeilles.*

L'*aiguillon* est un organe dont les fonctions paraissent équivoques aux yeux des naturalistes. Des trois ordres d'individus qui composent la société des abeilles, le mâle en est privé. En pressant légèrement l'extrémité du ventre de l'abeille neutre, cet instrument, très-composé, sort un peu au-dessous de l'anus sous la forme d'un dard, accompagné de deux corps oblongs, creusés en gouttières, qui lui servent de fourreau. En examinant l'aiguillon au microscope, on voit que sa pointe, qu'on avait estimée, à la vue simple, très-fine et très-déliée, est mousse et creusée en forme de tuyau, pour donner passage à deux flèches d'une très-grande finesse, qui sont lancées vivement tantôt l'une après l'autre, tantôt au même instant : ce même tuyau sert également de fourreau aux deux flèches garnies de dentelures, imitant la direction de celles d'une scie ; de sorte que lorsqu'elles ont pénétré dans la plaie, elles ne peuvent s'en retirer qu'en entraînant avec elles le dernier intestin de l'abeille ; ce déchirement est toujours mortel à l'insecte : on voit à la racine de l'aiguillon une petite vessie dont le conduit de communication va se terminer à l'extrémité de l'organe ; la nature de ce liquide renfermé dans la vessie n'a pu être analysée à cause de sa petite quantité. *Voir Piqûre des abeilles.*

Beaucoup d'insectes, dont les caractères se rapprochent de la famille des abeilles, sont armés d'aiguillons ; les uns s'en servent pour conduire dans des lieux convenables leurs œufs, tels que les différentes espèces de mouches et de sauterelles ; les autres s'en servent comme d'une arme offensive, tels que les guêpes et les abeilles. Si les êtres en général jouissent de toutes les facultés corporelles qui conviennent à leur conservation, à leur reproduction, pourquoi les abeilles neutres n'engendrent point ? Pourquoi ignorent-elles que l'emploi de leur aiguillon leur coûte la vie ? Les naturalistes n'ont fait que des réponses incertaines à ces questions. Swammerdam avait cru que cette liqueur pouvait servir à convertir le miel en cire ; M. De Réaumur a prouvé, par des expériences, qu'il ne partageait point cette opinion. Cependant la présence de cette liqueur suppose un organe qui l'a secrétée de la masse du sang, comme matière excrémentitielle ou comme humeur séminale, provenant d'organes dégénérés. Ainsi, le but que la nature s'est proposé dans l'emploi de l'aiguillon de cet insecte, n'est pas encore bien connu.

Tel est l'exposé des parties qui constituent l'économie vivante de l'abeille. Nous avons remarqué que les parties fluides vitalisantes occupent le centre de l'économie, que ces parties prennent une consistance plus ou moins dense à mesure qu'elles s'en éloignent pour former les tissus des organes ; et que les derniers résultats de leurs combinaisons viennent s'opérer sur les parties extérieures de l'insecte, pour former une enveloppe dure qui soutient et protège les jeux des organes qui constituent sa vie. Nous avons vu également que la puissance vitalisante qui imprime aux fluides et aux solides, ce mouvement *centrifuge* et *centripète* de la vie organique, est dû à cette portion vitale atmosphérique dont les trachées se sont appropriées, pour la transmettre au fluide sanguin, et que ce fluide ainsi vitalisé, entretenu dans ses proportions par les produits de la digestion, en circulant dans toutes les parties de l'économie vivante, semble en être la matrice, qui fournit à ces mêmes parties leur mode de croissance et de conservation. En un mot, que ce même fluide sanguin, perfectionné dans les organes cérébraux, devient la cause du sentiment et du mouvement de la vie animale ; enfin, que ce fluide, dépouillé dans les replis vasculaires de certains organes secréteurs des parties hétérogènes, devient propre à subir une autre préparation pour produire les germes qui doivent perpétuer sa nombreuse progéniture.

ANT

ANTENNES, *maladies*. Les abeilles éprouvent quelquefois une espèce d'engourdissement et de langueur qui leur fait perdre leur activité pour le travail : les extrémités de leurs antennes et le devant de la tête deviennent jaunâtres; il semble qu'elles portent à leurs extrémités, suivant l'expression de Schirach, des petits boutons prêts à s'épanouir. Cette maladie indique la débilité des abeilles; il faut, pour prévenir ses suites, faire usage du sirop fortifiant de la manière que nous l'avons indiqué. *Voir Indigestion.*

API

APIÉ. J'appelle *Apié*, l'endroit où je loge les abeilles pour les cultiver avec moins de peine et plus de profit. On se sert vulgairement dans les provinces du Midi de la France de ce mot pour désigner ce qu'on appelle *rucher*, *abeillié* dans les autres parties du royaume.

4 *

Le mot *apié*, dont l'étymologie vient du latin *apis*, abeille, est plus expcessif que le mot rucher, qui ne se trouve pas dans le dictionnaire de l'Académie Française. Olivier de Serre, dans son admirable recueil des procédés agricoles, appelle *apié* l'endroit qui sert à la culture des abeilles ; d'après une autorité si respectable, j'ai cru devoir me servir d'une expression qui désigne mieux l'objet de sa destination.

Avant d'entrer dans les détails descriptifs des *apiés*, que je recommande à l'attention des propriétaires d'abeilles, je dirai un mot sur les motifs qui m'ont déterminé à loger ainsi ces insectes précieux.

En jetant un coup-d'œil sur les moyens usités pour cultiver les abeilles, il est facile de se convaincre que ces moyens sont défectueux, et nullement proportionnés aux avantages qu'on peut retirer de cette branche de l'économie rurale. Depuis l'époque reculée où l'homme creusa le tronçon d'un arbre pour y loger un essaim, la culture de ces insectes est à peu près la même. La forme, la capacité des ruches n'a subi des changemens que dans leurs divisions ; il est vrai de dire que les ruches composées de plusieurs pièces, sont construites sur un plan qui répond assez à l'instinct des abeilles qui travaillent et multiplient suivant que leurs lo-

gemens se prêtent plus ou moins à leur aptitude
pour le travail. Mais les difficultés attachées à
l'usage des *ruches à hausse*, composées de plusieurs pièces, ont, depuis leur invention, re-
buté le cultivateur, qui préfère, avec raison,
les moyens simples, de facile exécution, et
qui, en général, réussissent plus sûrement,
avec moins de peine et de dépense. *Voir Ru-*
ches à hausse.

Il est également facile de se persuader par
la pratique, que les matériaux employés à la
construction des logemens des abeilles présentent une infinité d'inconvéniens : les ruches
d'osier, de paille, de bois, d'écorce de chêne-
liège, etc., exposées à l'intempérie des saisons, n'offrent aux abeilles que des habitations
mal-saines, susceptibles de se détériorer et de
compromettre le plus souvent leur frêle existence. Les ruches placées en plein champ,
sans cesse à la merci de leurs nombreux ennemis, ont plus d'une fois découragé le zèle du
propriétaire d'abeilles ; toutes ces craintes,
malheureusemeut trop fondées, et senties par
tous les cultivateurs, m'ont déterminé à construire un *apié* qui pût garantir les abeilles des
inconvénieus attachés à l'usage des ruches de
l'ancien système : Les succès que j'ai obtenus
ont parfaitement répondu à mon attente. Le dé-

sir de me rendre utile m'engage à leur donner toute la publicité possible.

Je vais donc entrer dans les détails descriptifs de mon *Rucher expérimental*, dont les résultats me confirment dans l'idée que la culture de ces insectes était susceptible de s'améliorer.

Sur la façade méridionale d'une petite maison de campagne, j'ai fait pratiquer quarante ouvertures pareilles à celles des ruches qui donnent entrée et sortie aux abeilles ; ces ouvertures, placées sur trois rangs, correspondent à un pareil nombre de loges que j'ai fait construire en bois et en plâtre, sur la surface intérieure du mur : ces loges peuvent avoir de 20 à 25 pouces de hauteur, sur 10 à 15 de largeur ; elles sont carrées, adossées les unes contre les autres.

Le dessus et le dessous de mes loges à abeilles est en planches, et offre un plan un peu incliné vers le mur pour favoriser l'écoulement des vapeurs qui s'élèvent dans l'intérieur, hors du milieu de la loge où se trouve le couvain ; les parois des loges peuvent être construites en plâtre ou en planches.

L'intérieur de la loge est divisé vers son tiers supérieur par deux petites traverses en bois, pour soutenir les rayons de miel et pour faciliter leurs tailles.

Après avoir ainsi disposé mon rucher , j'ai placé mes ruches-mères dans ces différentes loges ; j'ai fermé hermétiquement leurs parois postérieurs avec des planches de leurs dimensions ; depuis lors , je jouis de la satisfaction de voir que mes abeilles se plaisent infiniment dans leur habitation , et mon *apié* se trouve dans un état de prospérité qui attire la curiosité des amateurs d'abeilles : plusieurs de mes voisins ont adopté mon système ; ils ont construit dans leurs habitations des loges à abeilles conformes aux dimensions que je viens d'indiquer.

Pour venir à l'appui des avantages des *loges à abeilles* de mon *rucher expérimental* , je puis employer les argumens persuasifs dont les espions de Moïse se servirent pour prouver la fertilité de la Terre-Sainte ; de même je puis assurer en faveur de mes essais , que la quantité de miel et de cire que j'ai récoltés dans chaque loge , en présence de plusieurs propriétaires d'abeilles , a pesé le poids de la dépouille de deux ruches ordinaires. Il est facile de croire à la vérité du fait que j'avance quand on pense : 1° que la capacité de mes loges se prêtant à l'activité et à la fécondité étonnante des abeilles , renferment toujours des essaims nombreux et des provisions proportionnées à leurs besoins; 2° les abeilles , ainsi logées , sont à l'abri de l'impression du froid , du chand , des gelées , des neiges , des humidités des pluies , enfin , elles sont inaccessibles aux attaques de leurs nombreux ennemis ; 3º le plan incliné que j'ai donné à mes loges favorise l'écoulement des vapeurs hors du centre où est ordinairement le couvain , et les traverses de bois , placées au tiers supérieur de la loge , servant à soutenir les rayons de miel , facilitent leur taille ; 4º mon système de loger ainsi les abeilles peut être pratiqué avec peu de frais par toutes les classes de propriétaires ; le pauvre peut construire lui-même son *apié* avec des planches et de l'argile sur les façades convenables de sa chaumière ; le riche peut faire construire sans beaucoup de dépense des *apiés* de cinquante loges dans ses parcs , dans ses forêts et dans toutes ses habitations de campagne.

Les essais de mon *rucher expérimental* , couronnés par des succès aussi complets , m'ont engagé à les utiliser le plus avantageusement possible : j'ai fait construire dans ma maison d'habitation , soit du côté du jardin , soit du côté de la basse-cour , un certain nombre de loges dont les résultats sont non moins satisfaisans.

J'appelle les *apiés* construits dans les maisons habitées , *apiés domestiques,* pour les distinguer des *apiés* construits isolément à la campagne, ou dans les bois et les forêts, et que j'appelle *apiés champêtres*, *apiés forestiers*.

APIÉ CHAMPÊTRE. L'exposition d'un apié champêtre doit être choisie dans les endroits les plus abrités ; les bois, les forêts, leurs lisières, sont des lieux de prédilection pour les abeilles. Un apié situé près d'une maison d'habitation, est un objet d'agrément et de profit. L'habitant de la campagne a toujours aimé à s'entourer des animaux domestiques. Un colombier habité par une nuée de pigeons, une basse-cour peuplée de toute sorte de volailles, embellissent les alentours d'une habitation rurale. Un *apié*, bourdonnant d'abeilles, ne peut qu'ajouter aux jouissances du séjour champêtre. L'homme est porté à aimer ces insectes ; il se plaît à être témoin de leurs travaux, à suivre les progrès de leurs ouvrages ; c'est avec un plaisir nouveau qu'il les voit partir et arriver à leurs logemens, pour y rapporter le tribut délicieux de leurs moissons auxquelles il doit participer.

Après avoir déterminé l'endroit où l'on veut construire un *apié champêtre*, on choisira la partie méridionale un peu orientale pour y bâtir la façade qui servira aux entrées des loges.

Un apié champêtre, composé de trois rangs

de loges , doit présenter la forme d'un carré
long , ayant environ **6** pieds de hauteur , non
compris la pente de la toiture , et **12** pieds de
lougueur , non compris l'épaisseur des mumail-
les ; les murs latéraux de ce casin doivent avoir
trois pieds de largeur , non compris aussi leur
épaisseur. On construit en maçonnerie avec de
bons matériaux les murs de l'*apié* d'une épaisseur convenable , ayant soin de placer la porte
d'entrée vers le milieu de la façade du Nord ;
lorsque les murs sont parvenus à cinq pouces
au-dessus du niveau du sol, on pratique en
maçonnant les ouvertures de chaque loge ,
dont le nombre sera de trente sur la façade du
midi, disposées sur trois rangs , et neuf sur
les façades latérales , disposées aussi sur la
même ligne ; on continue ainsi les murs jusqu'à la hauteur indiquée , ayant l'attention de
diriger la pente des eaux pluviales du côté de
la façade du midi , de manière que la toiture
soit assez avancée en dehors pour écarter autant
que possible l'humidité que les pluies pourraient occasionner sur les murs de devant , dont
la face intérieure sert de parois aux *loges à
abeilles*.

En pratiquant les entrées des loges , il faut
aussi avoir l'attention qu'elles forment un espèce de demi-entonnoir du côté de l'intérieur

de la loge ; cette disposition facilite l'entrée et
la sortie des abeilles.

L'entrée extérieure des loges sera pratiquée
de manière qu'aucun animal malfaisant , même
la souris , ne puissent y pénétrer : pour cela ,
on se servira d'un carreau de terre cuite de
sept à pouces carré , dont on laissera débor-
der la moitié hors du mur , pour servir de
support aux abeilles qui partent et arrivent ;
on placera un autre carreau de même dimension
par-dessus le premier , à niveau du mur , en
laissant une ouverture dans toute sa longueur
et dont la hauteur permette seulement le passage des abeilles.

Les matériaux qu'on doit employer pour bâtir les murs de l'apié doivent avoir les qualités requises ; on crépira avec attention les faces extérieures et intérieures des murs , afin
qu'elles ne puissent offrir aucune retraite aux
rats , aux souris et aux insectes nuisibles. La
toiture doit être formée avec des planches réunies entre elles avec du bon mortier ; des carreaux de terre cuite en défendraient mieux l'accès aux animaux qui voudraient s'y introduire.

La porte de l'apié doit être solide , ayant le
bord intérieur recouvert de fer blanc pour empêcher que les rats ne puissent la ronger. Elle
sera ferrée convenablement et fermée avec une
bonne serrure.

Pour former les loges de l'intérieur de l'*apié*, il faut que leur dessus et leur dessous soient en planches ; on en formera deux rangs sur un plan un peu incliné sur la façade de l'intérieur de l'*apié*, ayant de 20 à 24 pouces de distance les unes des autres ; ensuite on divise l'espace qui se trouve entre les planches dont nous venons de parler, par des cloisons en bois ou en plâtre, pour former autant de loges qu'il y a des trous pratiqués dans l'épaisseur des murs. *Voir* pour leur dimension l'article *Loge-abeilles.*

Le terrain du devant et des alentours d'un *apié champétre* doit être planté en arbres nains, pour servir de reposoir aux essaims qui sortiront des loges, ainsi que d'arbustes et plantes aromatiques agréables aux abeilles.

Telle est la construction d'un *apié champétre* et des divisions intérieures en loges pour servir d'habitation aux essaims d'abeilles. Cette méthode de loger ainsi ces insectes, se pratique dans beaucoup de pays, mais d'une manière différente, Dans certaines contrées, on laisse aux murs qu'on bâtit des embrasures pour y placer des ruches. Olivier de Serre recommande de loger les abeilles à l'abri du froid, du chaud et des voleurs. *Pour assurer les avètes.*

dit-il, *de la main des larrons, l'invention de les emmurer est trouvée.*

Ainsi, cette manière de loger isolément quelques ruches dans l'épaisseur des murs est ancienne ; mais celle que j'ai suivie, en les logeant hors de l'épaisseur des murs , par conséquent plus éloignées de l'action du froid et du chaud ; la méthode, dis-je, de réunir un grand nombre de loges, de les adosser les unes contre les autres, mettre, lors de la dépouille, toutes les provisions des abeilles à découvert pour choisir ou ménager les gâteaux qu'on juge convenables , en même tems de pouvoir conserver les abeilles lorsqu'on veut les dépouiller entièrement ; j'ose dire que cette méthode avantageuse est absolument le résultat des essais que j'ai tentés dans le *rucher expérimental* que j'ai fait construire.

Pour peupler un *apié champêtre* qu'on vient de faire construire, il ne s'agit que de placer plusieurs ruches-mères dans les loges un peu éloignées les unes des autres ; on ferme la parois postérieure avec une ou plusieurs planches de leurs dimensions, qu'on assujettit avec des clous ou chevilles ; on bouche ensuite toutes les ouvertures avec du plâtre ou du pourget ; dès que les abeilles ont comblé l'ancienne demeure, elles continueront à construire des gâteaux dans l'espace qui se trouve entre les parois de la loge et la ruche.

Comme il peut arriver que des ruches-mères, quoique bien peuplées , mais nouvellement placées dans une habitation plus spacieuse, qui leur permet d'étendre largement leur ouvrage, il peut arriver , dis-je , que ces ruches ne jettent d'essaims que l'année suivante; c'est pourquoi, si on veut jouir du plaisir de voir son *apié* plutôt peuplé , il faut placer à côté ou sur le devant , cinq à six ruches-mères susceptibles d'essaimer , et lorsqu'on fait la cueillette des essaims dans une ruche ordinaire , le soir au coucher du soleil , on transportera l'essaim dans l'intérieur de l'apié , après avoir préparé la loge qu'on a dessein de peupler , en frappant vivement sur le côté de la ruche qui contient l'essaim sur le plancher inférieur de la loge ; à l'instant les abeilles , réunies en masse dans le fond de la ruche, tombent , et s'empressent de suite de gagner le haut de la loge pour commencer leurs ouvrages ; on approche aussitôt les planches qui doivent fermer la loge pour les fixer ; comme nous avons dit ci-dessus , on a soin de donner à ces planches une direction un peu oblique pour faciliter les moyens de les ouvrir quand il en sera tems. Si la saison est propice à l'essaimage , on peut espérer de voir dans peu de tems son apié dans un état bien populeux.

Pour dépouiller les loge - abeilles, on frappe quelques coups sur l'étendue de leur parois postérieure: on connaît facilement au son, plus ou moins mat, la quantité de miel qui y est contenue. Dans les loges qui ont des ouvertures vitrées on peut encore mieux s'assurer de l'état des provisions des abeilles.

Pour pratiquer la taille des rayons, on prépare les vases destinés à les recevoir ; on se munit d'un marteau, d'une tenaille et d'une torche de vieux linges ; on y met le feu pour procurer dans l'intérieur de l'apié assez de fumée pour faciliter l'opération, car les abeilles, dans ce tems, ayant beaucoup de couvain à défendre, sont peu traitables. On enlève avec la pointe d'un couteau le plâtre ou le pourget qui bouchait les ouvertures de la planche formant la parois postérieure de la loge ; on arrache avec les tenailles les clous qui l'a tenaient assujettie ; on enlève la planche ; si elle était collée à quelques rayons, on se sert d'un long couteau pour l'en détacher ; c'est alors que les provisions de la loge se trouvent entièrement à découvert. Les rayons comblés de miel blanc se présentent sous l'aspect le plus agréable : on se sert alors de la torche fumante pour souffler de

5 *

la fumée sur les mouches qui fuyent son effet.
On fait choix des gâteaux qu'on veut enlever;
on peut retrancher la partie supérieure jusqu'aux
traverses qui soutiennent les rayons ; si on en
trouve de noircis par les vapeurs intérieures,
ou d'autres qui soient gâtés par du couvain
avorté, on les retranche, en ménageant les
rayons qui contiennent des vers et des nymphes : enfin, c'est bien dans ce moment que le
cultivateur conviendra que *cette loge-abeilles*
lui fournit tous les moyens pour opérer la taille
le plus facilement et le plus convenablement
possible. Après l'opération on ferme la loge de
la manière indiquée, pour continuer la taille
dans les autres loges qu'on a jugées propres à
cette opération.

Quand on veut totalement dépouiller une loge,
on commence par ouvrir le trou pratiqué pendant l'opération, vers le bord inférieur de la
planche qui forme la parois postérieure de la
loge ; on y introduit de la fumée en soufflant
sur la torche fumante qu'on approche près de
cette ouverture. La fumée pénétrant dans tout
l'intérieur, oblige les abeilles à sortir ;
on frappe des coups redoublés sur l'étendue de la parois postérieure de la loge, pour
obliger les abeilles à déloger ; on enlève la
planche qui forme la parois postérieure de la

loge qu'on dépouille ; on coupe avec le tranchant tous les gâteaux qui y sont contenus , ce
qui est facile d'exécuter avec cette forme de
loge, qui vous met à portée de choisir et ménager ce qu'on veut conserver. Après l'opération
on remet la planche dans sa position ordinaire,
avec les précautions que nous avons indiquées ;
alors les abeilles rentrent dans leur loge pour
commencer à réparer les pertes qu'on vient de
leur faire éprouver.

*Soins qu'on doit aux Apiés champétres et
domestiques.* Ces soins ne sauraient être com-
parés à ceux qu'exigent les ruches exposées en
plein champ. Ces soins ne consistent qu'à visiter de tems en tems si quelques rats ou souris ne se sont pas introduits dans leur intérieur,
pour attaquer les provisions des abeilles dans
leurs logemens. Lorsque l'*apié* et les *loges* auront été construits avec les précautions indiquées , le propriétaire des *apiés champétres*
et *domestiques* n'aura aucune crainte à redouter de l'action de l'intempérie des saisons ni de
l'attaque des nombreux ennemis des abeilles.
Si, cependant , il s'apercevait pendant l'hiver,
qu'il y eût quelques loges habitées qui eussent
besoin d'être alimentées , il pourra les secourir
d'une manière facile : pour cela , il faut pratiquer, au bas de la parois postérieure de la loge,

une ouverture ronde d'un pouce et demi de diamètre, après avoir versé dans une bouteille ordinaire une certaine quantité de sirop de miel. *Voyez Nourriture des abeilles.* Il bouchera le goulot avec une toile qu'il fixera à son cou de manière que le liquide puisse filtrer à travers ; il introduira le cou de la bouteille dans cette ouverture, en y donnant une direction qui favorise l'écoulement du sirop, au moyen d'une ficelle attachée à un clou planté dans le bois, dont les bouts soutiendront le corps de la bouteille dans la position requise. Les abeilles indigentes s'alimenteront aisément de cette manière. Lorsqu'on sera dans le cas d'enlever la bouteille, on fermera l'ouverture avec un bouchon de bois ou de liège. Il est essentiel que toutes les loge - abeilles soient pourvues de pareilles ouvertures pour des usages non moins importans. Lorsque, par exemple, pendant les chaleurs caniculaires, on voit les abeilles s'assembler en groupe au-dehors de leur logement, sans montrer aucune envie de travailler, c'est une preuve que la chaleur intérieure de leur logement leur est devenue incommode. Dans ce cas, on ouvre l'ouverture dont nous venons de parler ; on la ferme avec une petite plaque de fer blanc, criblée de petis trous ; il s'établit alors un petit cou-

rant d'air entre l'ouverture extérieure et intérieure qui rafraîchit l'intérieur de la loge, et
engage les abeilles à reprendre l'activité de
leurs travaux.

Je crois être dispensé de ne rien ajouter à
tout ce que j'ai dit sur l'utilité et les avantages
des *apiés* et de *leurs loges* : il est facile de se
convaincre de leur supériorité en les comparant
à ceux attachés à l'usage des ruches de l'ancien
système. Je terminerai en assurant que les
frais de construction des *loge-abeilles*, d'un
apié domestique, où il n'y a point de dépenses
pour la construction des murs et du couvert,
sont à peu près les mêmes que celles du prix
ordinaire des ruches qu'on achète : et dans les
apiés champêtres il n'y a que la dépense des
murs et des couverts à ajouter ; mais les profits
qu'on peut en retirer, la sécurité du cultivateur et les autres avantages le dédommagent de
tout ce qu'il fera pour procurer de pareils logemens à ses abeilles. Si les *apiés champêtre*
sont éloignés des eaux, il faut leur en procurer pendant les chaleurs de l'été. *Voir Eaux
nécessaires aux abeilles.* On pourra retenir les
eaux pluviales de la toiture du casin dans une
gouttière qui les conduirait dans l'intérieur
de l'*apié*, où elles seront reçues dans une jarre.
Cette petite citerne sera d'un grand secours

pour fournir à l'abreuvoir qu'on formera avec un plat vernissé, placé convenablement sur la toiture et à l'abri des rayons du soleil.

APIÉ DOMESTIQUE. C'est ainsi que j'appelle les *apiés* qu'on peut établir dans toutes les habitations de campagne et de ville : leurs loges, dont le nombre variera suivant le but qu'on se propose, car cinq à six loges peuplées procurent facilement la quantité suffisante de miel pour l'usage domestique ; ces loges auront les mêmes dimensions que celles des *apiés champétres*. *Voir* l'article *Loge-abeilles*. On fera choix de la partie de la façade de la maison la moins exposée à l'action des froids, des vents et de l'humidité des pluies. Les loges des *apiés domestiques* peuvent être fermées avec des volets en bois, ferrés, s'ouvrant et fermant sur un cadre, et sur l'étendue desquels on peut pratiquer des ouvertures vitrées pour avoir l'agrément de voir ee qui se passe dans leur intérieur. On peut se servir également de coulisses, en observant qu'elles glissent latéralement, et non de haut en bas, afin que les rayons qui peuvent y être colés, en soient détachés avec plus de facilité. Les abeilles logées dans les *apiés domestiques* réussissent aussi bien que celles qui habitent les *apiés champétres*, tant il est vrai de dire que le logement est la partie

la plus essentielle de la culture de ces insectes.
On voit que la construction des *loge-abeilles*
est calculée sur l'instinct, le caractère des
abeilles domestiques et sauvages qui travaillent
et multiplient à raison des commodités que leur
offre leur habitation. On ne serait point en
peine de citer une infinité d'exemples à l'appni
de cette assertion. Duhamel rapporte dans les
mémoires de l'académie Française (1734),
que le curé de Lillay-le-Pélieux ayant placé
un fort panier d'abeilles sur le fond d'un cuvier renversé, auquel il avait fait un trou, les
mouches remplirent tellement le cuvier de gà-
teaux épais, dont les alvéoles profondes ressem-
blaient à des tuyaux de plume, que M. Dubois,
qui l'acheta du curé, retira 5 à 6 livres de cire
et 420 livres de miel. Ce fait ne m'étonne pas:
j'ai assisté plusieurs fois à la dépouilles des
abeilles logées dans les cavités des rochers,
dont le poids valait celui de la récolte du cuvier
en question.

A R A

ARAIGNÉE. Ces insectes, à la faveur des
ténèbres de la nuit, s'introduisent dans les
logemens des abeilles pour y tendre des toiles,
dans lesquelles viennent périr les mouches qui
ont la mal-adresse d'y tomber. Les araignées

ne dimiuent pas beaucoup les provisions et la
population d'une ruche ; le grand mal qu'elles
y font, c'est de dégoûter les abeilles de leurs
demeures par la malpropeté qu'elles y causent
et de les forcer à les abandonner. Le cultivateur
doit donc avoir soin de détruire tous les insctes
qui peuvent nuire à la salubrité de l'intérieur
du logement de ses abeilles.

ATT

ATTACHEMENT *des abeilles pour leur
Reine-mère.* Ce que les auteurs ont dit sur l'attachement des abeilles envers leurs reines-mères paraîtrait exagéré, si les observations de
plusieurs naturalistes célèbres n'avaient confirmé l'idée qu'on peut avoir des sentimens tendres et affectueux des enfans de cette famille
envers les auteurs de leurs jours.

M. De Réaumur a prouvé par des expériences
positives, que cette reine-mère est toujours au
milieu d'un cercle d'abeilles, qui s'ouvre du
côté vers lequel elle veut avancer : les unes
la lèchent avec leur trompe ; d'autres lui présentent du miel ; toutes, enfin, s'empressent de
lui rendre des bons offices. Sort-elle de la ruche ? Prend-elle son essor ? Les abeilles sortent avec elle, et la suivent partout. Swam-

merdam dit qu'ayant pris une reine, il l'attacha par une de ses jambes, avec un fil à l'extrêmité d'une perche, et que tout l'essaim se rendit auprès d'elle, l'entoura et la suivit partout où l'on voulu.

Le père Labat, dans le troisième volume de la Relation de l'Afrique Occidentale, rapporte qu'un homme qui se disait le maître des abeilles, s'en faisait suivre, comme un pasteur est suivi de son troupeau; il faut croire que si le fait est vrai, cet homme portait avec lui la reine-mère. Il y a pourtant des circonstances où le trouble et l'agitation, s'emparant des habitans de la ruche, chaque individu étant occupé du soin de sa conservation, oublie ce qu'il doit à la reine-mère : il n'est pas rare alors de la voir, dans ces momens d'alarmes, se promener seule; mais quand le calme est rétabli, les abeilles viennent se rallier auprès d'elle. Plusieurs jours de séparation ne seraient pas capables de diminuer leur affection : si la reine-mère vient à leur manquer, elles se livrent à un découragement général; les travaux champêtres et domestiques sont suspendus; on dirait qu'elles regardent comme inutile de bâtir des cellules, n'ayant plus de mère pour y déposer des œufs. On peut donc regarder comme une chose bien démontré que des abeilles

qui n'ont plus d'espérance de voir une reine-
mère à leur tête, se livrent à l'oisiveté et ne
songent plus à l'avenir.

Cet attachement des abeilles pour leur reine-
mère est également bien décrit par M. Hubert.

« Lorsqu'on enlève, dit-il, la reine d'une
» ruche, les abeilles ne s'en aperçoivent pas
» d'abord ; elles n'interrompent point leurs
» travaux ; au bout de quelques heures, elles
» s'agitent ; tout paraît en tumulte dans leur
» ruche ; elles quittent le soin de leurs petits,
» courent avec impétuosité sur la surface des
» gâteaux et semblent en délire. Je ne doute
» point que cette agitation ne provienne de la
» connaissance qu'ont les abeilles de l'absence
» de leur reine, car dès qu'on la leur rend,
» le calme renaît au milieu d'elles à l'instant
» même. Ce qu'il y a de singulier, c'est qu'elles
» reconnaissent leur reine, car si on leur subs-
» titue une reine étrangère, l'agitation conti-
» nue ; les ouvrières l'entourent et la retiennent
» captive dans un massif impénétrable, pen-
» dant un espace de tems si long, que, pour
» l'ordinaire, cette nouvelle reine y succombe :
» mais si on attend vingt-quatre à trente heu-
» res pour substituer à la reine enlevée une
» reine étrangère celle-ci sera bien accueillie
» et règnera à l'instant,

« **Le 15** août **1791** , continue **M. Hubert,**
» j'introduisis dans une de mes ruches vitrées
» une reine féconde, âgée de onze mois. Les
» abeilles étaient privées de leur reine depuis
» vingt-quatre jours, et pour remplacer leur
» perte , *elles avaient déjà commencé à cons-*
» *truire douze cellules royales.* Au moment
» où je plaçai sur le gâteau cette femelle étran-
» gère , les abeilles qui se trouvaient auprès
» d'elle la touchèrent de leurs antennes, pas-
» sèrent leur trompe sur toutes les parties de
» son corps et lui donnèrent du miel ; puis
» elles firent place à d'autres , qui la traitèrent
» avec les mêmes égards. Il en résulta une
» espèce d'agitation qui se communiqua peu à
» peu aux ouvrières placées sur les autres par-
» ties de cette même face du gâteau, et les dé-
» termina à venir reconnaître ce qui se passait
» sur le lieu de la scène ; elles arrivèrent bien-
» tôt, franchirent le cercle que les premières
» venues avaient formé, s'approchèrent de la
» reine, la touchèrent de leurs antennes , lui
» donnèrent du miel, et après cette petite cé-
» rémonie elles se placèrent derrière les autres
» et grossirent le cercle. Là , elles agitèrent
» leurs ailes , se trémoussèrent sans désordre,
» sans tumulte, comme si elles avaient éprouvé
» une sensation agréable. Pendant que les faits

» que je viens de décrire se passaient sur la
» face des gâteaux où j'avais placé cette reine,
» tout était resté parfaitement tranquille sur
» la face opposée. Les abeilles travaillaient avec
» beaucoup d'activité à leurs cellules royales ;
» elles soignaient les vers royaux, leur appor-
» taient de la gelée; enfin, la reine passa de
» leur côté ; elle fut reçue de leur part avec
» le même empressement qu'elle avait éprouvé
» de leur compagne sur la première face du
» gâteau, et ce qui prouve qu'elles la traitè-
» rent en mère, c'est qu'*elles renoncèrent de*
» *suite à continuer les cellules royales, qu'elles*
» *enlevèrent les vers royaux et mangèrent la*
» *bouillie qu'elles avaient accumulée autour*
» *d'eux.* Depuis lors cette reine fut reconnue
» de tout son peuple. »

D'autres faits prouvent toujours plus combien les abeilles sont attachées à leur reine-
mère. Le besoin de se conserver, intimement
lié à cet amour pour leur reine-mère, leur inspire le désir d'appartenir à une famille, dont
le nombre des enfans rend plus supportable le
séjour de l'habitation pendant les rigueurs de
l'hiver, et les place dans des positions plus
heureuses ; pour résister aux attaques de leurs
ennemis. Ainsi, on peut considérer que les
travaux d'une ruche sont toujours en propor-

tion avec la fécondité de la reine-mère qui l'habite.

Quelquefois on est étonné de voir languir les travaux d'une ruche : on serait tenté de croire qu'elle n'est habitée que par des individus livrés à la paresse, tandis que la saison les invite au travail ; c'est qu'alors ces insectes jugent inutile de continuer de nouvelles alvéoles, tandis qu'il y en a beaucoup sans œufs ; on pourra, dans ce cas, ranimer leur ardeur, en substituant à la reine inféconde une autre reine jouissant de toutes les qualités qui promettent une nombreuse postérité. On verra, alors, qu'elles s'empresseront de multiplier le nombre des cellules, d'amasser des provisions et de tout proportionner à recevoir la ponte de leur mère chérie. Si alors leur logement ne s'oppose point aux effets de sa fécondité, la ponte, les travaux et les provisions de la colonie tiendront du prodige ; si, au contraire, la capacité trop étroite du logement, arrête les progrès de la fécondité de la reine et les travaux publics qui en sont la suite, les abeilles se livreront à la paresse par découragement et la ruche sera bientôt à la veille d'être en dépérissement.

Ainsi, il faut que le logement des abeilles offre des moyens pour entretenir, encourager

6 *

l'amour du travail dans un état d'activité proportionné aux dispositions fécondantes de la
reine, proportionné à l'abondance des miel et
des cires répandues sur la végétation qui entoure le domicile des abeilles.

C'est pour remplir ces vues, qui sont la
source de la prospérité des abeilles, que j'ai
donné à mes loges la capacité qui pût assurer
cet objet important de la culture de ces insectes.

Il est prouvé aussi que l'amour du travail
chez les abeilles est inséparablement attaché au
sort de leur reine. Si quelque accident fâcheux
menace les jours de cette mère chérie, la cons-
ternation règne dans toute la famille, les travaux champêtres et domestiques sont suspendus,
et l'activité ne peut renaître que par l'espoir
de la conserver. Dans cette triste circonstance,
un cultivateur éclairé peut relever le découragement de ses abeilles en introduisant dans
cette ruche désolée des morceaux de gâteaux
qui contiennent des œufs et des vers de trois
jours; de suite les abeilles l'entoureront, le
couvriront comme si elles avaient dessein de
couver les œufs et les vers, et bientôt on verra
avec surprise, une ou plusieurs reines-mères
sortir de ces gâteaux. Un heureux hasard a
fourni à Sirach cette belle observation qui a
tant enrichi l'Histoire naturelle des abeilles.

Cette expérience réussit lors même qu'il n'y a pas des cellules royales dans les morceaux de gâteaux qu'on emploie. Tout prouve donc que c'est le besoin de se conserver qui détermine les travaux et les ouvrages des abeilles. Swammerdan assure, qu'en enfermant une reine-mère dans un poudrier de verre, placé à portée d'être vu, les abeilles l'entourent à l'instant ; il conjecturait qu'elles y sont attirées par une émanation que la reine-mère produit sur les ouvrières.

Voici un fait assez curieux relatif à l'attachement des abeilles pour leur reine. *Th. Mill*, ou autrement *Wildam*, anglais, a donné un ouvrage ayant pour titre : *Traité de l'éducation des abeilles, dans lequel on a inséré leur histoire naturelle avec les méthodes anciennes de les élever, en indiquant la meilleure, etc.* Un vol. in-4°, avec gravures. Londres 1768. « Plusieurs » personnes, dit-il, ont été étonnées de voir les » abeilles s'attacher aux différentes parties de » mon corps ; elles ont paru désirer posséder » mon secret. Je déclare donc que la *reine des* » *abeilles et la crainte* que je leur inspire » sont les principaux agens de cette opération. » Il faut un art ou plutôt une pratique pour » la bien exécuter. La perte de plusieurs ru- » ches sera nécessairement la suite des tenta-

» tives avant de réussir. Une longue pratique
» m'a appris que lorsqu'on donnait plusieurs
» coups sur les côtés ou sur le bois d'une ruche,
» la reine paraissait aussitôt pour voir la cause
» de cette alarme, et elle se retirait sur le
» champ au milieu de son peuple. M'étant ac-
» coutumé à la voir fréquemment, je l'aperce-
» vais au moindre coup que je donnais sur la
» ruche. Une longue pratique m'a enseigné
» les moyens de m'en saisir dans l'instant avec
» les précautions convenables pour sa vie, ce
» qui est d'une grande importance, puisque le
» moindre tort fait à la reine cause la perte de
» la ruche. Quand je me suis emparé de la
» mère-abeille, que je pus la tenir dans ma main
» sans lui faire aucun mal et sans qu'elle me
» piquât, je retourne vers le rucher, je garde
» la reine jusqu'à ce que les abeilles, s'en
» voyant privées, s'envolent toutes evec la
» plus grande confusion. » (Ce passage est
mal expliqué : si on enlève une reine d'une ruche, les abeilles ne s'envolent pas ; elles se
mettent dans une agitation extraordinaire, et
courent confusément dessus et autour de la ruche). « Lorsque ces insectes sont ainsi trou-
» blés, continue *Wildam*, je place leur reine
» dans l'endroit où je veux qu'elles s'arrètent;
» quelques abeilles qui l'aperçoivent dans l'ins-

» tant , vont avertir leurs compagnes les plus
» voisines , et celles-ci avertissent le reste de
» l'essaim ; cet avis devient si général , que les
» abeilles se rassemblent toutes autour de la
» reine dans quelques minutes : elles sont si
» charmées , qu'elles demeurent long-tems
» dans la même situation : l'odeur du corps de
» leur reine a tant d'attrait pour elles , que
» partout où elle passe , elles s'y attachent sur
» le champ et la suivent sans cesse. L'amour de
» la vérité, dit-il encore , m'oblige à dire que
» je suis parvenu, avec bien de précautions ,
» à mettre un fil de soie autour de la reine ,
» sans lui faire aucun mal : je la fixe alors dans
» l'endroit où je présume qu'elle ne restera pas
» naturellement. Je me suis servi quelquefois
» d'un moyen moins dangereux , qui consiste
» à couper un des côtés des ailes à la reine. «
En terminant , *Wildam* s'écrie : « *O Bretons!*
» *Je vous ai enseigné d'opérer mes sortilèges ,*
» *mais je ne saurais vous faire voir combien*
» *de temps je me suis exercé à cette opération,*
» *ni l'inquiétude et les soins que j'ai pris pour*
» *mes abeilles , ces insectes si utiles : je ne*
» *saurais pareillement vous communiquer mon*
» *expérience, qui est le fruit d'un grand nom-*
» *bre d'années.* »

Wildam opérait ainsi dans son rucher, mais

à Paris , à la foire , à l'Académie et chez les seigneurs ou il était appelé , il employait d'autres procédés : je les tiens de M. Caron , dit M. Lombard , qui l'aidait dans ces circonstances, lorsque *Wildam* voulait donner son spectacle. M. Caron lui procurait quatre ruches vides, dans lesquelles on avait chassé les abeilles de leurs ruches pleines. On attachait préalablement dans chaque ruche , un rayon de miel et un autre coutenant du couvain pour y attirer, retenir et nourrir les abeilles. Les ruches étaient enveloppées , et les abeilles ne pouvait s'en échapper. Quelque part qu'il donnât son spectacle, il fallait que ce fût dans l'obscurité : le local n'était éclairé par des bougies qu'à l'instant où l'on était réuni : il faisait alors étendre une grande nappe blanche sur laquelle il disposait les bougies en rond ; il détachait l'enveloppe , et en baragouinant quelques mots , il posait la ruche un peu rudement ; la secousse faisait tomber les abeilles sur la nappe au milieu des bougies : comme la reine est toujours accompagnée d'un groupe , il la distinguait aussitôt , la prenait et faisait suivre sa main dans l'intérieur des bougies : il finissait par la présenter à l'entrée de la ruche , elle y rentrait aussitôt , suivie de tout son peuple , etc. J'ai répété les procédés de *Wildman,* dit M. Lom-

bard , rien n'est plus facile ; et j'ai remarqué
que les abeilles ne volaient point à cause du
fond d'obscurité qui régnait au haut et dans
toute la circonférence extérieure des bougies.

ATTACHEMENT *des abeilles neutres pour
leurs petits.* Ce qu'il y a de plus intéressant
dans l'histoire de la société des abeilles , c'est
de voir que les neutres, privées de sexe , soient
si sensibles au plaisir de donner des soins aux
enfans de la famille. On les voit sans cesse empressés à déposer dans les alvéoles qui contiennent du couvain, cette bouillie qui leur sert
d'aliment ; ils visitent souvent les petits dans
leurs berceaux , pour renouveler la nourriture,
au cas qu'elle soit épuisée. On peut se convaincre de cette vérité , en posant au bas de
la ruche un fragment de rayon qui contienne du
couvain ; de suite les abeilles descendent pour
couvrir le morceau de gâteau et prodiguer aux
petits qu'il renferme , les soins tendres et affectueux que réclame leur état d'enfance. On
est alors agréablement surpris de voir que les
sentimens de maternité qui devraient être in-
connus aux abeilles neutres , agissent pourtant
chez elles comme si elles étaient pourvues des
organes qui les rendent si énergiques chez tous
les animaux.

Enfin , cet attachement si vif , si puissant

des abeilles pour leurs petits, leur fait affronter mille morts pour les défendre contre leurs ennemis ; il les détermine à se livrer à des travaux pénibles et à des ouvrages admirables dont le but a pour fin leur propre conservation et celle de leurs races.

A V I

AVIS *pour approcher des ruches.* Lorsqu'on est sensible à la piqûre des abeilles, il faut user de quelque précaution. (*Voir Moyens de se familiariser avec les abeilles*). Ces insectes, modèles de vigilance et d'activité, sans cesse occupés des soins qui doivent faire prospérer leur ménage, détestent tout ce qui peut contrarier le but de leurs veilles et de leurs travaux. Elles s'irritent à la moindre apparence de quelque chose qui pourrait contrarier l'ordre de leurs occupations. Comme le bruit les irrite, il faut éviter de frapper des coups redoublés autour de leurs demeures. Elles n'aiment pas les gens dont le son de la voix est élevé et aigre : on m'a raconté à ce sujet, que deux personnes qui se querellaient vivement dans le voisinage d'un rucher, et ne voulant point écouter un ami qui les priait instamment de terminer leur rixe, furent tout-à-coup assaillies par des abeilles qui les forcèrent bientôt à se séparer en courant. Quand on connait les mœurs et le caractère des abeilles , on croit facilement que cette anecdote est aussi vraie qu'elle est plaisante.

Il faut également éviter de souffler sur les abeilles à l'entrée de leurs ruches, parce que l'air qui sort de nos poumons leur déplait. Si on les évente avec un soufflet , elles se disposent plutôt à fuir qu'à se mettre en colère. L'éclat de la lumière les offusque ; on doit agir autour d'elles plutôt pendant que le soleil brille , que par un temps couvert , plutôt depuis dix heures du matin jusqu'à deux après midi, qu'à la chute du jour et jamais pendant la nuit.

Il faut s'abstenir de toucher aux ruches lorsqu'elles contiennent beaucoup de couvain , parce que les abeilles sortent en foule pour le défendre au péril de leur vie. On reconnaît qu'il y a beaucoup de couvain , lorsqu'on voit un grand nombre d'abeilles rentrer avec des pelotes de pollen.

Il ne faut pas déplacer brusquement les groupes d'abeilles ; s'ils sont nombreux, on les écarte avec un peu de fumée ; les barbes d'une plume suffisent pour les déplacer : si elles vous poursuivent , il faut s'en éloigner sans

gesticuler ; se mettre à l'ombre et les laisser
se calmer. Quelquefois les abeilles s'excitent
à la colère par un mouvement particulier de
leurs ailes sur les stigmates de leur corps, ce
qui produit un son aigu et déplaisant, qui est
toujours le signe de leur courroux. Il arrive
souvent que l'agitation colérique des abeilles
de la ruche que l'on touche, se communique
bientôt à celles des ruches voisines. Dans cette
circonstance, il faut avoir recours aux effets
de la fumée ou de la poussière pour apaiser ce
désordre, qui pourrait avoir des suites fâcheuses pour le rucher.

Quand on approche habituellement des abeilles, il faut avoir des vêtemens de couleur
grise ou blanche. Les couleurs sombres, tran-
chantes, telles que le noir, le brun, le bleu,
etc., excitent leur colère ; elles s'attachent avec
acharnement aux cheveux noirs. Je connais un
propriétaire qui n'a jamais redouté leurs piqûres, puisque je le vois dépouiller ses ruches
avec les bras retroussés. Ce cultivateur expérimenté approcha un jour de ses abeilles avec
la tête couverte d'un chapeau noir sortant de
la fabrique ; il m'assura qu'il n'avait jamais
vu ses abeilles dans un si grand courroux : ces
insectes, qui avaient coutume de le voir avec
amitié, le traitèrent impitoyablement en bour-

donnant autour de sa figure et de son chapeau;
c'est alors qu'il comprit que sa coiffure leur
déplaisait ; il la quitta , et de suite les abeilles s'apaisèrent.

AVR

AVRILLAGE. *Voir Loix sur les abeilles.*

BAR

BARBE *des ruches.* C'est ainsi qu'on appelle vulgairement cette masse d'abeilles qu'on
voit à l'entrée des ruches à l'époque de l'aissemage : dans cet état , les abeilles s'accrochent
entre elles en peloton , imitant la barbe des
cheveux noirs, qui entoure l'ouverture ou la
bouche des ruches , ce qui rend cette expression figurée assez juste. Ce regorgement d'a-
beilles hors de leur habitation , est causé par
la chaleur excessive qui règne dans l'intérieur
de la ruche , ce qui est le signe le plus certain
de l'état prospère où se trouve la population de
la colonie et de son prochain départ en essaim.
Cependant, s'il survient des tems contraires
à la sortie naturelle des essaims , et que les
abeilles persistent à rester dehors , même pendant la nuit , il faut , dans ce cas, relever la
ruche et la soutenir dans cette position sur trois

petites pièces de bois , afin que l'air extérieur,
en pénétrant dans la ruche , en diminuant l'intensité de la chaleur intérieure, rende son séjour
plus supportable ; c'est alors qu'on verra les
abeilles rentrer dans leurs logemens et poursuivre leurs travaux avec la même activité.
Cette précaution peut également éviter aux
abeilles beaucoup d'accidens fâcheux ; car, en
passant la nuit hors de leur habitation , elles
sont exposées à être victimes des vicissitudes
atmosphériques et de la voracité de leurs ennemis.

CAL

CALENDRIER *du propriétaire d'abeilles.*
C'est le nom que la plupart des auteurs qui ont
écrit sur l'éducation des abeilles , ont donné
aux soins qu'elles exigent à chaque mois de
l'année. Il est facile de s'apercevoir , que ces
soins étant subordonnés aux saisons et à la différence des climats , ce qui est bon dans un pays
dans un certain tems de l'année , devient im-
praticable dans un autre ; ainsi, les préceptes
répandus avec confiance dans ces sortes d'alma-
nachs sont défectueux : il est plus simple d'indiquer sommairement à chaque saison de l'année
les soins et les attentions que les abeilles réclament du cultivateur. D'ailleurs, on peut dire

en faveur de ces insectes utiles, que le plaisir
et l'avantage de les soigner inspirent bientôt à
celui qui les possède, le zèle et les connaissances pratiques dont il peut avoir besoin pour
aller au-devant de tout ce qui peut leur être
utile et agréable.

C'est principalement pendant la saison de
l'hiver que le cultivateur ne doit pas négliger
de visiter son rucher pour reconnaître : 1° les
ruches qui ont besoin d'être alimentées ; 2° si
les rigueurs du froid ne compromettent pas la
vie de ses abeilles ; 3° si les matériaux qui servent à la construction de ses ruches, exposées
à l'action du froid et des pluies, n'en sont pas
pénétrés d'une manière qui pût leur causer des
humidités préjudiciables ; c'est à cette époque
qu'il doit veiller à ce que leurs ennemis ne
viennent les attaquer impunément ; c'est pendant l'hiver que les uns, pressés par la faim,
renversent les ruches pour la satisfaire avec du
miel ; d'autres pénètrent dans leur intérieur,
pour y exercer leurs pillages ; d'autres, enfin,
les voleurs de profession, s'en emparent pour
s'en nourrir ou les vendre à vil prix. C'est pendant les mois de décembre, janvier et février,
où les ruches exposées en plein champ ont le
plus d'ennemis à redouter ; le cultivateur doit,
pendant ces tems, redoubler de surveillance

7 *

pour prévenir la série de maux qui menacent son rucher.

C'est aussi dans la saison de l'hiver, qu'il faut assurer les achats des ruches-mères, lorsqu'on veut peupler un *apié* qu'on a dessein de construire. *Voir Achat des ruches-mères.*

Le printéms exige des soins assidus, mais ils sont les plus agréables pour le propriétaire d'abeilles. C'est à l'approche de la sortie des essaims, qu'il doit faire les préparatifs nécessaires pour les recevoir. L'état de population de chaque ruche qu'il possède, le nombre plus ou moins grand d'essaims qu'il a recueillis l'année antérieure, l'hiver plus ou moins rigoureux, plus ou moins sec qui a précédé, les apparences de la floraison qui s'apprête, enfin, la température de la saison, sont autant de considérations qui fournissent au cultivateur des aperçus sur la quantité des essaims qu'il va récolter. C'est donc à l'époque des mois de mars, avril et mai qu'il se procurera le nombre de ruches vides dont il peut avoir besoin, soit en les achetant, ou en les faisant construire, ou en réparant les anciennes. Ces tems agréables, où la végétation, couverte de mille fleurs, invite les abeilles à se livrer à leurs travaux et aux plaisirs attachés à leur multiplication, doivent exciter le cultivateur à veiller avec assiduité à la sortie des essaims pour les recevoir, ou les suivre, lorsqu'ils s'éloignent, pour pouvoir en profiter ; c'est alors qu'il doit se tenir près de son rucher pour surveiller tout ce qui a rapport à leur départ, afin de remédier aux accidens qui en résultent. *Voir Essaim, Sortie,* etc.

Après la récolte des essaims, le cultivateur doit se préparer à faire celle de ses ruches ; ensuite il transporte au paturage celles qu'il a taillées. *Voir Voyage des ruches.* On profite de cette saison pour faire des essaims artificiels, si la saison et le climat se prêtent à cette opération curieuse.

Pendant la saison de l'été, les ruches exposées aux ardeurs du soleil exigent des soins non moins assidus ; comme les chaleurs caniculaires peuvent déterminer la fonte des ouvrages et des provisions des abeilles, il est essentiel de placer les ruches à l'ombre des arbres qui doivent entourer les ruchers; il ne faut pas aussi négliger de leur procurer des eaux fraîches, lorsque leurs demeures en sont éloignées. (*Voir Eaux nécessaires aux abeilles*). C'est pendant les mois de juin, juillet et août que les insectes nuisibles et les teignes surtout s'introduisent dans les ruches pour y exercer leurs ravages ; c'est pourquoi il faut viser aux moyens d'y remédier.

L'automne est la saison de l'année qui expose les abeilles à moins d'accidens fâcheux; mais elles ne réclament pas moins la sollicitude du cultivateur; il faut qu'il s'assure si les ruches *saubeillées*, c'est-à-dire, celles qu'on aura entièrement dépouillées, et qu'on aura fait passer dans une ruche vide, ont suffisamment ramassé de provisions pour passer la mauvaise saison; dans le cas contraire, il est de toute nécessité de venir à leur secours. C'est à la fin de l'automne où les ennemis des abeilles commencent la guerre acharnée qu'ils ne cessent de leur faire pendant l'hiver; le cultivateur doit préparer les moyens de défense qu'il doit leur opposer.

CHA

CHALEUR *intérieure des ruches peuplées.* La chaleur intérieure, pendant la belle saison, est ordinairemeet de **27** à **29** degrés, échelle de Réamur, chaleur nécessaire pour le développement du couvain; aussi, les abeilles la maintiennent à ce degré par les moyens les plus ingénieux. Si, par exemple, l'air extérieur pénètre dans l'intérieur de leurs logemens par une ouverture trop grande, elles ont soin de la rétrecir avec leur propolis.

Les abeilles supportent encore la chaleur jusqu'à 30 et 31 degrés ; si elle arrive subitement jusqu'au 32me, alors elles ne peuvent la supporter ; c'est là une cause de leur fuite et de leur sortie en essaims. Si la chaleur se fait sentir dans leur logement d'une manière progressive, elles sortent paisiblement, s'accrochent les unes avec les autres en forme de grappes, et forment, à l'ouverture de leur habitation, ce qu'on appelle *la barbe* ; elles restent dans cet état d'oisiveté jusqu'à ce qu'une chaleur plus tempérée leur permette d'y rentrer. Pendant cet état de choses, il n'y a dans la ruche que les abeilles chargées des soins du ménage, tels que ceux de la construction des alvéoles et de l'éducation des petits de la famille.

Je vais rapporter, au sujet de la chaleur intérieure des ruches, des expériences curieuses que M. Dubost a faites il y a quelque tems. Cet amateur distingué fit faire des ruches vitrées, et dans leur intérieur, vers le centre, il plaça des étuis en bois d'un diamètre proportionné au volume du thermomètre qu'il avait dessein d'y enfoncer ; ces étuis étaient parsemés de trous dans toute leur longueur ; il introduisit le thermomètre dans la ruche par le milieu de la partie supérieure ; il fixa particulièrement son attention sur deux ruches , l'une laissée à l'air libre , l'autre placée dans une serre ; et , pour avoir des points de comparaison , il plaça deux autres thermomètres hors de chaque ruche et à leur proximité ; muni de cet appareil , il visitait régulièrement ses ruches malgré l'excessive rigueur du froid qui se fit sentir dans l'hiver de 1788 à 1789. La liqueur des deux thermomètres, placés extérieurement, descendit progressivement au-*dessous* du point de congélation , tandis que ceux placés dans les ruches restèrent à 20 degrés au-*dessus de la glace*. Le jour du grand froid (31 décembre 1788), le thermomètre placé dans la ruche à l'air libre, était toujours à 20 degrés au-*dessus de la glace* , et celui qui était à sa proximité, hors la ruche , marquait 20 degrés au-*dessous*, de manière qu'il y avait 40 degrés de différence à l'égard de ceux de la serre ; le thermomètre hors de la ruche était à 12 degrés au-*dessous de la glace* , et celui qui était dans la ruche , qui la veille était à 20 degrés au-*dessus* , se trouva à 3 degrés au-*dessous*. Alarmé sur le sort des abeilles de cette ruche , il en examina l'intérieur et vit que les abeilles avaient quitté le thermomètre et s'étaient retirées dans un coin de la ruche , où elles *étaient fort vives*.

Cela nous prouve deux choses : la première,

que les abeilles, réunies en masse, ne craignent pas le plus grand froid ; la seconde, qu'elles ne sont point engourdies pendant la saison de l'hiver, ainsi que l'ont assuré plusieurs auteurs. Dubost n'est pas le seul qui ait fait des remarques sur ce sujet ; M. Hubert dit, pag. 36 de ses observations : « Que les abeilles sont si peu » engourdies pendant l'hiver, que lorsque le » thermomètre baisse en plein air de plusieurs » degrés au-dessous de la glace, il se soutient » à 24 et à 25 degrés au-dessus dans les » ruches suffisamment peuplées ; les abeilles » se serrent alors les unes contre les autres, et » se donnent du mouvement pour conserver » leur chaleur. »

Les observations de MM. Dubost et Hubert me confirment dans l'idée que la prospérité des abeilles dépend des avantages que leur logement pourra leur procurer, qui consistent à entretenir dans leur intérieur une température uniforme dans tous les tems de l'année, capable de les garantir des effets des chaleurs caniculaires et des froids trop rigoureux. Dans les loges de mes *apiés*, ces insectes vivent continuellement dans une température égale, exempte des inconvéniens attachés à l'usage des ruches usitées. *Voir Apié champetre, Apié domestique.*

CIRE. On avait cru jusqu'à présent que le pollen des fleurs fournissait la matière première de la cire ; on avait cru aussi que cette poussière fécondante, qu'on appelait alors *cire brutte*, après avoir subi quelque préparation dans l'estomac de l'abeille, en était dégorgée en forme de bouillie, et que dans cet état, ces matières étaient susceptibles de prendre les formes que l'industrieuse abeille jugeait convenables pour la construction de ses édifices.

Des expériences faites avec soin par **M. Hubert**, ont produit des résultats qui ne laissent aucun doute sur l'origine de la cire.

Première expérience sur des abeilles prisonnières, réduites au miel pour toute nourriture. En mai, **M. Hubert** fit loger un essaim dans une ruche, avec ce qu'il fallait de miel et d'eau pour sa consommation ; les abeilles y furent enfermées, en leur laissant de l'air. Après cinq jours de captivité, on leur laissa prendre l'essor dans une chambre fermée, on trouva dans la ruche cinq rayons d'un blanc parfait, suspendus à la voûte. Cette épreuve fut répétée *cinq fois de suite*, avec les mêmes abeilles et les mêmes précautions; chaque fois le miel avait été enlevé et de nouvelles cires avaient été produites.

Deuxième expérience sur des abeilles aux-

quelles on n'avait donné que du *pollen* et des *fruits* pour toute nourriture. Les abeilles ne touchèrent point au pollen et ne firent pas une cellule pendant huit jours que dura leur captivité. Des observations continuées sur soixante-cinq ruches, donnèrent le même résultat, et prouvèrent que le *pollen* ne contient pas les principes de la cire.

Troisième expérience sur des abeilles enfermées avec des matières sucrées. M. Hubert, voulant savoir si c'était la partie sucrée du miel qui mettait les abeilles en état de produire de la cire, fit enfermer des essaims dans des ruches vitrées, savoir : un, avec une livre de sucre de Canarie réduite en sirop ; un autre, avec une livre de cassonade très-noire, et pour avoir un terme de comparaison, un troisième avec une livre de miel. Les abeilles de ces trois ruches produisirent de la cire; celles qui avaient eu du sirop de sucre et de la cassonade, en produisirent plutôt et davantage que celles qui n'avaient eu que du miel ; le sirop donna 10 gros 52 grains de cire moins blanche que celle que les abeilles extraient du miel ; la cassonnade donna 22 gros d'une cire très-blanche. Cette expérience, répétée *sept fois de suite*, en employant toujours les mêmes abeilles retenues prisonnières, prouve que la cire vient du miel et non du pollen , comme on l'a cru long-tems.

Ces expériences ont duré deux mois entiers, pendant lesquels les abeilles ont été retenues enfermées dans une chambre, les laissant seulement quelquefois sortir de leurs ruches pour faire des vérifications. Les abeilles allaient au jour comme toutes les autres mouches , se promenaient sur les carreaux de la fenêtre, s'y réunissaient quelquefois en grappe , rentraient, et jamais ne passaient la nuit hors de leurs ruches. M. Hubert dit que dans la pièce où l'on retient les abeilles , il vaut mieux que le jour vienne du côté du Nord , parce que le soleil qui donnerait sur la fenêtre ferait sortir trop les abeilles à la fois et les tiendrait trop long-tems hors du logis. Il faut que la pièce soit petite et sans meubles , parce que les prisonnières ne pouvant sortir pour faire leurs nécessités , et ne les faisant jamais dans la ruche quelque longue que soit leur captivité , ne manquent pas de se vider dès qu'on leur permet de sortir de leurs ruches , et alors elles salissent les murs et les plafonds des lieux qui leur servent de prison. (Extrait d'une lettre inédite de M. Hubert , du 9 janvier 1812).

Voici un hasard qui s'accorde parfaitement avec les observations de M. Hubert;

Au mois de mai 1812 , il a été adressé à

la Société d'Agriculture de Paris, un mémoire
relatif aux abeilles, par M. *Blondelu*, propriétaire, à Noyon, dans lequel on lit ce qui
suit :

« Il y a deux ans, dans le courant d'octobre,
» lorsqu'il n'y a plus de fleurs dans les prai-
» ries et dans les bois, et qu'on hiverne les
» mouches qui ne sortent plus guère, j'ai tra-
» versé une ruche de campagne dans une de
» mes boîtes *absolument vide*, j'ai placé des-
» sous une espèce de tiroir plein de miel ; les
» mouches y sont descendues et n'en sont pas
» sorties qu'elles n'eussent enlevé tout le miel,
» et, chose qui m'a paru merveilleuse, avec du
» miel commun de Bretagne, épais et de cou-
» leur brune, elles m'ont fait des gâteaux
» blancs comme de la neige, remplis d'un miel
» aussi brun, mais beaucoup plus clair, plus
» pur, plus sucré que celui que je leur avais
» donné. J'ai répété l'été cette expérience avec
» plusieurs de mes boîtes, et *toujours avec*
» *le même succès et le même résultat* ; un grand
» nombre de personnes en ont été témoins.

» D'après cette expérience, il me semble pou-
» voir juger que les mouches *n'ont pu faire*
» *leurs gâteaux qu'avec du miel* que je leur
» avais donné, puisque la boîte *était vide*,
» qu'elles ne sortaient pas et que la saison ne

» leur offrait aucune ressource; que, par conse-
» quent, *la cire est le produit du miel* travaillé
» dans l'estomac des abeilles , et *non celui des*
» *étamines des fleurs* qu'elles apportent à leurs
» pattes, et qu'on appelait autrefois *cire brute*,
» etc. »

C O M

COMBATS *des abeilles.* L'harmonie qui
règne parmi les individus qui composent la
société des abeilles , cette activité incroyable
pour les travaux , qui font la prospérité de
leur ménage , enfin , ces grands avantages sont
souvent troublés par des dissentions intestines
dont l'issue entraîne quelquefois la perte totale de l'essaim. Cette mésintelligence , insé-
parable des grandes réunions , si funeste pour
le cultivateur , arrive lorsque plusieurs abeilles
ont la témérité de s'introduire dans une habitation dont elles ne font pas partie. Cette querelle commence ordinairement dans l'intérieur
de la ruche ; bientôt on voit sortir les combattans , qui se saisissent mutuellement , entre-
lassent leurs jambes les unes contre les autres,
et les efforts qu'elles font pour se porter des
coups mortels , ne leur permettant plus de rester dans le vague des airs, les obligent à tomber à terre ; on les voit, alors , se serrer de

près et s'efforcer de se surprendre pour se plonger dans les anneaux du ventre leurs dards
empoisonnés. D'autres fois, elles se poussent
avec tant d'impétuosité, que les mouvemens précipités de leurs ailes les font pirouetter et les
transportent au loin ; enfin, ce combat singulier, soutenu de part et d'autre avec tant d'a-
charnement, se termine par la mort des deux
combattans : la dard mortel que le vainqueur a
plongé dans le corps de son ennemi, ne pouvant se retirer sans laisser dans la plaie une
partie de ses entrailles, il ne peut survivre à
sa victoire.

On voit quelquefois trois ou quatre abeilles se mettre à la poursuite d'une seule, se
jeter sur son corps sans lui arracher la vie ;
mais elles la saisissent chacune par une jambe,
la tiraillent en la mordant ; cette malheureuse
abeille, attaquée si lâchement, appaise la fureur
de ses ennemis en étendant sa trompe et en
dégorgeant le miel qu'elle porte ; cette liqueur
semble adoucir la barbarie de ses bourreaux, et
c'est ainsi qu'elle achète son salut en faisant
l'abandon du fruit de ses travaux.

Ces petits combats, qui arrivent assez souvent parmi quelques membres de la société des
abeilles, n'influent en rien sur l'économie de
l'habitation ; mais il survient quelquefois des

événemens extraordinaires, où tous les membres de la société se liguent entre eux pour tenter les hasards des combats ; ces actions, où toute la peuplade prend part, n'arrivent guère que dans les tems des essaims ; elles arrivent aussi lorsque le défaut de provisions, ou les incommodités de leurs logemens les obligent à les abandonner, pour aller se loger dans une autre habitation déjà occupée par un autre corps d'abeilles. Dans ces occasions fâcheuses, il s'allume entre les deux partis une guerre opiniâtre qui dure quelquefois plusieurs jours : du moment que les abeilles agresseurs ont pénétré dans la ruche qu'elles veulent attaquer, on entend un bruit sourd et confus qui semble préluder le signal de la guerre : bientôt les deux peuples ailés en viennent aux mains, l'air retentit de leurs bourdonnemens, les combattans s'agitent, se choquent avec tant de fureur, que bientôt le champ de bataille se trouve jonché de milliers de morts : ces combats suscités par des prétentions injustes, sont aussi meurtriers que ceux qui surviennent dans les tems des essaims.

Quand les essaims ont pris leur essor, il se trouve souvent plusieurs reines et dans la ruche-mère qu'ils viennent de quitter, et dans la nouvelle où ils commencent à s'établir; alors

le désordre se met parmi les abeilles ; les ouvrages sont interrompus et la paix et l'activité
ne reviennent que lorsque la cause du trouble
a cessé , c'est-à-dire lorsque les reines surnuméraires ont été mises à mort. On ignore si
c'est la reine-mère qui se charge de combattre
corps à corps sa rivale , ou si c'est ses sujets
qui la sacrifient au repos de leurs habitations ;
ce qu'il y a de certain , c'est que le carnage de
ce combat se borne à celui des reines surnuméraires ; lorsque la victoire se décide dans
la ruche , la victorieuse sort en volant et portant dans ses pattes le cadavre de son ennemi.

L'unité d'une reine chez les abeilles est un
point fondamental de leur gouvernement pa-
triarchal , et un fait incontestable dans leur
histoire. M. De Réaumur a plongé dans l'eau
un grand nombre de ruches dans différens tems
de l'année , et après avoir examiné toutes les
mouches les unes après les autres , il n'a jamais pu y découvrir qu'une seule mère. Le
seul tems où il en paraît plusieurs, c'est au
printems , lorsque la nation s'est renouvelée
par la fécondité prodigieuse de la reine-mère ,
et que les jeunes essaims ont besoin d'un nouveau chef. Pendant ces époques si fécondes en
événemens fâcheux , lorsque le propriétaire
d'abeilles a la douleur d'être témoin de pareille

scène, il doit avoir recours à la fumée ; ces
effets, employés avec intelligence, peuvent
calmer la fureur des combattans et éviter la
désorganisation de ses ruches.

CON

CONFITURE *au miel.* Prenez groseilles
égrenées, quatre livres ; mettez-les dans le même poids de sirop de miel bouillant ; lorsque
les groseilles seront crevées et auront rendu
leur suc, passez-les à travers un tamis pour
séparer le marc qu'il faut laisser égouter sans
exprimer ; ce qui troublerait la liqueur que
vous ferez cuire jusqu'à consistance de gelée.

Si, au lieu de groseilles, on veut faire des
confitures de cérises ou d'autres fruits, ce sera
dans les mêmes proportions. On fait aussi des
confitures au miel avec des coings, des poires,
des pommes et autres fruits avec les mêmes
proportions de sirop de miel, avec cette différence qu'après avoir enlevé les écorces, on
coupe par morceaux les fruits ; on les fait
blanchir, c'est-à-dire, cuire à l'eau pendant un
quart-d'heure pour leur enlever leur goût
acerbe ; ensuite on les fait sécher pour les pri-
ver de leur humidité ; après on les fait cuire
dans le sirop de miel au point qu'il ne reste au-

cune partie des morceaux de fruit qui ne soit entièrement pénétré du sirop, ce qu'on connaît en les divisant. Il faut que ces confitures soient bien cuites et conservées dans un lieu sec.

On prépare, en confitures sèches, des fruits entiers ou coupés par morceaux, des racines, de certaines écorces, etc. Ces substances doivent être préalablement privées de leur humidité, en les faisant blanchir et sécher au soleil ou au four ; ensuite on les trempe à plusieurs reprises dans le sirop ; elles auront le même brillant, le même candi que si elles avaient été faites au sucre. On doit les conserver dans des boîtes placées en lieux secs.

CONSERVATION *du miel.* On conserve difficilement le miel d'une année à l'autre, parce qu'on ne le place pas dans des lieux propres à cet effet. Les chimistes disent que le miel est *déliquescent*, cela veut dire qu'il s'empare de l'humidité de l'air ou des lieux où il est placé; il se dissout alors, et de dur qu'il était, il devient mollet et aigre. Pour obvier à ces inconvéniens, il faut aussitôt que le miel est dans des vaisseaux de fayence ou de bois, le bien boucher et le placer dans un lieu sec et frais. Il ne faut jamais mettre du miel liquide dans un vase contenant du miel qui a pris de la consistance ; ce mélange le fait fermenter et aigrir.

COUVAIN. L'histoire de la génération des abeilles est encore enveloppée dans le même voile qui couvre la génération des animaux en général. Si leur fécondation et leurs pontes sont une suite de merveilles, il faut convenir que l'histoire du couvain de ces insectes présente à l'observateur une suite de phénomènes non moins surprenans. La découverte de Chirac sur la transformation d'un ver neutre en ver royal, fera époque dans l'histoire naturelle des abeilles. En effet, il est difficile de croire, sans l'avoir vu, qu'un ver d'abeille destiné à produire une abeille neutre, privée de parties génitales, puisse devenir apte à donner naissance à une progéniture innombrable. Avant d'entrer dans les détails qui font connaître la manière dont ce phénomène s'opère, parcourons avec quelque examen ceux qu'on remarque depuis le moment où l'œuf de l'abeille est pondu, jusqu'à celui où cet œuf éclos parvient à l'état parfait.

La difficulté de se rendre raison de la découverte de Chirac est grande sans doute; celle aussi d'expliquer la cause de la différence de sexe, de la disproportion des nombres des mâles à l'égard des femelles, de la différence des trois ordres d'individus provenant d'œufs pondus par une seule mère; toutes ces difficultés, dis-je, pour atteindre à une solution un peu satisfaisante, nous jetteraient dans un dédale de conjectures, si nous ne considérions ces merveilles comme des traits de cette sagesse infinie qui parvient à ses fins par des voies ineffables et dont les traces se dérobent à la faiblesse de notre entendement.

On appelle *couvain*, les diverses périodes que l'œuf de l'abeille parcourt depuis le moment où il a été pondu, jusqu'à celui où il arrive à l'état parfait; la durée de ces périodes peut être divisée en quatre époques principales : la première, comprend celle de l'incubation ; la seconde, celle où l'œuf éclos a produit un ver ; la troisième, celle où le ver se transforme en nymphe ; la quatrième, enfin, l'époque où la nymphe parvient à l'état parfait.

L'état d'incubation de l'œuf, qui forme la première époque du couvain, peut durer trois ou quatre jours, suivant le degré de chaleur qui règne dans l'intérieur de la ruche.

Plusieurs naturalistes ont cru que les soins de l'incubation étaient confiés aux mâles et quelquefois aux neutres, suivant que la tribu est plus ou moins peuplée des uns ou des autres. M. Maraldi n'était pas de l'avis de Pline, qui croyait que les abeilles couvaient leurs œufs ; il avait imaginé que la manière de couver chez les abeilles consistait à agiter continuellement leurs ailes pour produire une chaleur convenable. Si ce savant avait connu le degré de chaleur qui règne dans l'intérieur d'une ruche peuplée (*voir Chaleur intérieure des ruches*), il n'aurait point adopté cette opinion ; il aurait été convaincu que cette température, qui est ordinairement de 27 à 28 degrés, est suffisante pour favoriser convenablement l'incubation.

Après que l'œuf de l'abeille a été pondu dans le fond de la cellule (*voir Ponte*), les mâles viennent, suivant les observations de plusieurs naturalistes, seringuer leurs liqueurs fécondantes dans le fond de la cellule, au milieu de laquelle l'œuf se trouve mollement couché et enveloppé. Cette liqueur limpide, sous la forme d'une gelée blanche, occupe le fond de l'alvéole; son goût est plus ou moins insipide, et de couleur blanche, appropriée à l'état où se trouve l'œuf incubé, c'est-à-dire possédant suffisamment des qualités stimulantes et nutritives : stimulantes, pour exciter l'évolution des organes endormis dans l'embrion contenu dans la capacité de l'œuf; assez nutritives pour favoriser leurs accroissemens successifs ; ainsi, trois ou quatre jours après, les organes ébauchés de l'embrion, dilatés par l'effet de la chaleur de l'incubation, sentent, par ses mouve-

mens intestins , le besoin de jouir de la vie organique, et ses premiers efforts tendent à se débarrasser de l'enveloppe qui tient à l'étroit les
premiers essais du jeu de ses organes ; c'est
alors que , l'enveloppe rompue , la puissance
vitalisante de l'air atmosphérique, en pénétrant
par les voies pulmonaires des trachées dont le
ver est pourvu abondamment , communique ses
facultés vitalisantes à tous les organes qui composent l'économie vivante du ver; c'est cet
état de ver , ou de larve, sous la forme de laquelle se présente l'œuf éclos , qui forme la seconde époque du couvain ; depuis l'instant de
sa naissance jusqu'à celui où le ver se transfor-
mera en nymphe.

Pendant ce tems , le ver est courbé dans le
fond de la cellule en forme d'anneau , de sorte
que les deux extrémités se touchent ; le milieu
de l'anneau est comme un centre commun où
viennent aboutir différentes lignes qui partent
de la circonférence ; son plan est vertical , de
façon que le ver est appliqué sur la base de la
cellule ; il nage, pour ainsi dire , au milieu
d'une gelée blanche ou de bouillie qui lui sert
de nourriture. Les abeilles chargées des travaux domestiques du ménage donnent des soins
affectueux aux enfans de la famille ; elles les
visitent très souvent, examinent leur situation,

entrent dans leurs berceaux pour y dégorger
la bouillie dont le ver peut avoir besoin. Cette
gelée n'est pas toujours la même ; les nourrices savent la varier ; elle a plus ou moins de
consistance, plus ou moins de saveur miéleuse ;
enfin , elle est plus ou moins assaisonnée , suivant l'âge du nourrisson , suivant qu'elle est
administrée à un ver royal femelle , ou à un
ver mâle ou neutre.

Cette différence frappante dans la saveur ,
dans la consistance de la nourriture administrée aux trois sortes de vers, élevés chacun dans
des cellules différemment construites , a fourni
l'occasion de découvrir les phénomènes produits par les qualités de cette nourriture, et
ceux, non moins surprenans , produits par les
dimensions des cellules dans lesquelles les vers
sont élevés ; c'est **M.** Chirac qui a été le
premier à observer ces phénomènes extraordinaires , dont les résultats se rattachent précisément à la seconde période du couvain ; c'est
pourquoi , c'est ici le cas de rendre compte de
ce que cet habile observateur a consigné dans
le chapitre 3 , pag. 17 de son ouvrage. « Un
» simple hasard , dit-il , m'apprit qu'une por-
» tion de couvain pouvait donner une reine ,
» lors même que dans cette portion il ne se
» trouve point de *cellules royales.* Pour par-

» venir à arracher à ces mouches leur secret,
» je me procurai une douzaine de petites boî-
» tes de bois ; je coupai dans une ruche une
» portion de couvain de quatre pouces en carré,
» qui contenait des œufs et des vers ; je plaçai
» ces petits gâteaux dans une de mes caisses,
» de manière que les abeilles pussent les couvrir
» de toutes parts et couver enquelque sorte les
» œufs et les vers; j'y renfermai ensuite une
» poignée d'abeilles ouvrières ; j'en usai de
» même à l'égard des autres caisses ; je tins
» mes caisses fermées pendant deux jours ; le
» troisième, j'ouvris six de mes caisses, et je
» vis que les abeilles avaient commencé à cons-
» truire dans toutes ces caisses des *cellules*
» *royales*, et que chacune de ces cellules ren-
» fermait un ver âgé de quatre jours, qu'elles
» n'avaient pu choisir que parmi les vers ap-
» pelés à se transformer en *abeilles ouvrières;*
» quelques-unes de ces caisses avaient une,
» deux et jusqu'à trois cellules royales, con-
» tenant des vers de quatre et cinq jours, et
» qui étaient placés au milieu d'une bonne pro-
» vision de gelée ; je continuai à répéter cette
» singulière expérience tous les mois de l'été
» et même dans le mois de novembre, où l'on
» sait que les abeilles ne donnent jamais d'es-
» saims, et chaque fois je me procurai une

» reine. J'étais si sûr de la réussite , que m'é-
» tant fait donner un *seul ver* , renfermé dans
» une cellule ordinaire , les abeilles s'en pro-
» curèrent une reine-mère. »

M. Hubert a fait des expériences qui confirment la découverte de Chirac : depuis dix
ans , dit-il , que je travaille sur les abeilles ,
j'ai répété tant de fois l'expérience de Chirac
avec un succès si soutenu , que je ne puis pas
élever le moindre doute sur sa réalité. Je regarde comme une chose certaine , que lorsque
les abeilles perdent leur reine et qu'elles ont
dans la ruche des vers *d'ouvrières*, elles agran-
dissent plusieurs cellules , dans lesquelles ils
sont logés ; qu'elles leur donnent , non seulement une nourriture différente , mais en plus
forte dose, et que les vers élevés de cette manière , au lieu de se convertir en abeilles communes , deviennent des *véritables reines* , etc.
Voir les nouvelles observations de M. Hubert,
Genève 1792 , lettre 4 , pag. 138 ; *voyez*
aussi let. 9 , pag. 156 : dans laquelle M. Hubert raconte qu'il a fait cette expérience en
1788 , sur dix-huit ruches.

Il résulterait donc des expériences de Chirac , premièrement , que tout vers d'abeille
neutre, qui n'a que trois jours , peut devenir
une femelle féconde , si toutefois ce ver se

trouve dans des circonsiances propres à produire cette métamorphose ; secondement, que
les trois ordres d'individus qui composent une
peuplade d'abeilles , savoir : les mâles , les
femelles et les neutres , se réduisent seulement
au genre masculin et féminin ; troisièmement,
que les organes du sexe féminin se trouveraient
renfermés dans l'embrion du ver neutre ; mais
que pour devenir habile à engendrer, ils ont
besoin d'être élevés dans un berceau d'une forme plus grande, plus recherchée et nourris
d'alimens plus substentiels , appropriés à leur
nouvelle destinée.

Ainsi , il n'existerait dans une peuplade d'a-
beilles que des mâles et des femelles. Les mâles sont assez nombreux dans certains tems de
l'année ; et les neutres, dont les organes gé-
nitaux oblitérés par le défaut d'exercice, semblent avoir été sacrifiés au perfectionnement
d'autres organes. Les travaux champêtres , les
ouvrages domestiques , confiés aux abeilles neutres exigeaient des organes dont les fonctions
devaient fournir les moyens de les exécuter ;
de sorte que ces organes , ces instrumens pour
récolter le miel, la cire et pour la mettre en
œuvre , se sont perfectionnés chez les neutres
au détriment des organes générateurs , au lieu
que la femelle, chargée du travail de la ponte,

9 *

possède des organes qui correspondent au but de la propagation ; aussi, les organes de la génération y sont largement développés au détriment de ceux qui , chez les neutres , exécutent les travaux de la campagne. Nous voyons donc que la distinction des trois ordres d'individus qni composent la société des abeilles est intimement liée à leur conservation et à leurs reproductions.

La seconde période, dans laquelle le couvain reste dans l'état de ver , dure environ six jours, à dater de sa naissance; ensuite, ayant pris tout l'accroissement que cet état comporte , surtout, si ce développement n'a pas été contrarié par une température nuisible , il passe à l'état de nymphe.

Pendant cette troisième période , les nourrices continuent à avoir pour le couvain la même sollicitude : elles savent que lorsque le ver est passé à l'état de nymphe, il n'a plus besoin de nourriture ; c'est pourquoi le dernier soin qu'elles lui rendent est de l'enfermer dans la cellule avec un couvercle de cire. C'est vers cette époque où les organes du ver essaient de se mouvoir pour remplir quelques fonctions organiques ; c'est à cette époque que le ver commence , pour la première fois , à changer de situation ; il passe d'un état de repos absolu à celui d'une vie organique ; il se déroule, se redresse et s'allonge ; il commence à filer à la manière des chenilles, et forme, comme elles, une soie qui doit tapisser l'intérieur de son logement; il a besoin, dans cet état de nymphe, d'être plus mollement que sous celui de ver. Quand il a achevé de filer cette soie, il reste dans la situation où il se trouve pendant un jour ou deux, et attend que l'enveloppe qui couvre tout son corps et à travers de laquelle on distingue la forme extérieure de ses membres, se déchire par leur accroissement successifs ; c'est alors qu'on voit à travers les langes de son enfance, les yeux et la trompe qui est étendue sur le milieu du corps, les antennes qui se meuvent, et les jambes qui sont ramenées en avant et couchées sur les côtés ; les ailes sont appliquées le long du corps jusqu'à ses extrémités, et pliées en divers endroits, parce qu'elles ne peuvent prendre toute leur étendue en largeur.

La nymphe passe environ deux jours dans cet état; c'est pendant cette troisième période, que les fluides de l'économie organique se vitalisent de plus en plus; que le jeu des organes se prononce pour mieux exécuter leurs fonctions; que l'enveloppe extérieure prend un peu plus de consistance, change de couleur; enfin,

c'est lorsque tous ces changemens se sont opé-
rés ; ce qui arrive à peu près au vingtième
jour de sa naissance , que la nymphe fait ses
derniers efforts pour se débarrasser des entra-
ves qui enchaînent ses membres ; c'est avec
ses dents qu'elle brise le couvercle de cire qui
la tenait.enfermée dans la cellule ; elle continue cette ouverture jusqu'à ce qu'elle puisse
y passer la tête et les deux premières jambes.
C'est dans ce moment , qu'on voit la jeune
abeille agiter en tout sens ses antennes et
se cramponer avec les jambes de devant sur
les bords de la cellule pour en faire sortir le
reste du corps. Une abeille vigoureuse vient à
bout de franchir cette barrière dans quelques
heures , au lieu qu'une mouche faible épuise
inutilement ses efforts pendant une demi-jour-
née sans pouvoir se retirer de cette prison :
après avoir fait au couvercle une ouverture à
y passer la tête , elles périssent quelquefois en-
clavées dans ce détroit, faute de secours. Ici
la prévoyance des nourrices semblerait être
en défaut ; après avoir pris tant de soins pour
leur éducation , elles les abandonnent dans un
moment où leurs secours pourraient les aider ,
sans beaucoup de peine, à les délivrer des obstacles qu'elles ont elles-mêmes élevés.

Lorsque la jeune abeille est totalement sortie

de sa prison , elle s'arrête sur ses jambes auprès de la cellule qu'elle vient de quitter ; elle
paraît un peu embarrassée et comme endormie ;
on dirait qu'elle craint de déplier ses ailes :
tout son corps est comme mouillé , mais bientôt
les autres abeilles qui l'aperçoivent s'approchent d'elle ; elles la lèchent avec leur trompe,
essuyent tous ses membres et s'empressent de
lui offrir du miel. La jeune mouche, sensible à
toutes ces attentions, agite légèrement ses ailes,
se promène sur les rayons et se dispose à sortir
de la ruche ; on dirait qu'elle est déjà instruite
de tout ce qu'elle doit faire ; sa jeunesse lui
permet de se livrer à la fatigue des travaux de
la campagne ; elle se hâte de suivre l'exemple
de ses mères, et, pour la première fois, elle se
risque de quitter le toit maternel ; elle va à la
campagne cueillir du miel et de la cire, et en
revient chargée sans avoir besoin de guide pour
retrouver son habitation. Telle est la quatrième
époque où le couvain des abeilles est parvenu
à l'état parfait individuel.

Les soins que le couvain des abeilles neutres
exige de la part des abeilles domestiques, ne
laissent rien à désirer ; cependant le couvain
royal est traité avec plus de distinction et avec
plus de frais. La cellule dans laquelle ce couvain distingué est élevé , est bâtie sur un mo-

dèle plus recherché et qui demande pour sa
construction cent fois plus de matériaux que
les cellules ordinaires ; la nourriture du nourrisson royal est d'une saveur toute particulière ;
elle lui est distribuée avec une espèce de pro-
digalité. Quand un ver commun s'est transformé en nymphe, on ne trouve plus de gelée dans le fond de son berceau ; mais dans une
cellule royale, quoique la nymphe n'ait pas
besoin de nourriture, l'abondance qui y règne
ne l'incommode pas ; peut-être que c'est au milieu de cette abondance qui manque à la nymphe neutre, que certains organes de la nymphe
royale peuvent se développer à un point qui,
dans la suite, détermine sa destination. Sa cellule, proportionnellement plus grande que celle
des autres, lui laisse la liberté de déployer ses ailes, de les sécher, lorsqu'elle a déchiré le voile
blanc qui enveloppait ses membres ; de sorte
qu'après avoir rongé le couvercle, elle peut sortir
de son logement, comme en effet, elle sort ordinairement en prenant son vol, ce que ne peuvent
faire les abeilles ordinaires qui sont très-resse-
rées dans le leur. Cinq à six jours après que
la jeune reine a quitté sa dépouille de nymphe,
ses organes générateurs sont aptes à être fécondés, par conséquent en état de se mettre bientôt
à la tête d'un essaim, ou commencer sa ponte
quarante-six heures après sa fécondation.

Le couvain des abeilles mâles subit les mêmes transformations que nous avons remarquées
dans celui des abeilles femelles et neutres, avec
cette différence que le couvain royal parvient
à l'état parfait le sixième jour, à dater de celui
de sa naissance ; le couvain de l'abeille neutre,
le vingt-deuxième ; enfin celui de l'abeille mâle
dès le vingt-sixième jour. Cette différence nous
fera naître quelques considérations lorsque nous
parlerons de la durée ordinaire de la vie des
abeilles. *Voir durée de la vie des abeilles.*

Ainsi , les abeilles domestiques chargées de
l'éducation de la famille , prodiguent au couvain du mâle les mêmes soins qu'elles donnent
au couvain des abeilles neutres ; elle lui distribuent la même nourriture , le visitent avec la
même assiduité , et lorsqu'il est prêt à se transformer en nymphe , elles bâtissent sur leurs
cellules un couvercle qui est plat , au lieu que
celui qu'elles appliquent sur les cellules des
nymphes neutres est relevé en forme de calotte.

Lorsque le couvain mâle a parcouru cette
troisième période , il ronge la porte qui le retient prisonnier, et lorsqu'il est sorti, les abeilles le reçoivent avec les mêmes prévenances et
les mêmes attentions.

Après que les nymphes mâles et femelles ont
abandonné leurs cellules , les abeilles domes-

tiques viennent ramasser les débris du couvercle pour les transporter ailleurs et les faire
peut-être servir à la construction d'autres alvéoles ; d'autres abeilles, chargées des soins
qu'exige l'intérieur du ménage, viennent
redonner à l'ouverture de la cellule la forme
exagone que le couvercle lui avait fait perdre;
ensuite elles nettoient son intérieur, enlèvent
les dépouilles de ver et de nymphe sans toucher
à la tenture de soie qui en tapisse les parois,
parce qu'elle ne gène point, et la disposent ensuite pour la faire servir à l'éducation d'un autre ver : il arrive quelquefois que le même jour
on la trouve propre à recevoir des nouveaux
œufs. Quelquefois on la remplit de cire. M.
Maraldi a vu des abeilles élever, dans la même
cellule, cinq vers dans l'espace de trois mois.
On a un moyen facile pour juger combien il y
a de vers qui ont été élevés dans la même cellule ; puisque chacun la tapisse à son tour d'une
nouvelle tenture de soie. On n'a qu'à compter
le nombre de ces toiles fines. La plus grande
difficulté consiste à les séparer les unes des autres et des parois de la cellule, où elles sont
appliquées : Swammerdam conseille de faire
macérer la cellule dans l'esprit de vin, qui agit
sur la cire, de manière que les toiles deviennent plus faciles à se détacher.

Les diverses couches de toiles soyeuses qui tapissent l'intérieur de la cellule qui a servi à l'éducation des vers, me feraient croire que l'usage de cette tenture n'est pas seulement de tenir plus mollement le ver, mais que sa filature est déterminée par un besoin puissant qui l'oblige à expulser en dehors cette matière soyeuse, qui pourrait être regardée comme le résidu des alimens dans lesquels le ver a resté plongé ; puisque chaque larve qui passe dans la même cellule sent le même besoin de se débarrasser de la même substance soyeuse.

La couleur des jeunes abeilles n'est pas la même que celle des vieilles : les premières ont les anneaux plus bruns et les poils blancs ; mais à mesure qu'elles avancent en âge, leurs poils roussissent et leurs anneaux prennent une teinte de châtain clair ; de sorte que par le mélange de ces diverses couleurs, elles paraissent grisâtres dans la jeunesse, et rousses lorsqu'elles sont parvenues à la vieillesse. Or, entre ces deux extrêmes, il y a des nuances intermédiaires qui n'échappent pas aux yeux de ceux qui sont accoutumés à voir des abeilles et qui les mettent en état de distinguer sûrement les jeunes de celles d'un âge moyen, et celles-ci des vieilles. Ces dernières portent encore sur elles les marques de leurs longs tra-

vaux ; elles ont les extrémités des ailes fran-
gées et déchiquetées , au lieu que les jeunes les
ont entières et en bon état.

Il faut remarquer que plus il y a de couvain
dans une ruche , plus les abeilles en sont ja-
louses ; ces sentimens maternels se changent
en fureur à la moindre apparence de danger
pour leurs petits : au moindre bruit qui se fait
sentir près de leurs habitations , elles sortent
en foule pour reconnaître si quelque danger les
menace ; c'est alors que ces mères tendres ou-
blient que la défense de leurs enfans leur coû-
tera la vie. C'est dans ces tems où le couvain
abonde dans les ruches, que les abeilles sont le
plus portées à faire usage de leurs aiguillons
empoisonnés.

CRA

CRAPAUD. Plusieurs cultivateurs attestent que ces reptiles dévorent les abeilles qui ,
pendant les tems des grandes chaleurs , passent
la nuit hors de la ruche. Lapoutre ajoute qu'il
a trouvé vingt abeilles dans l'estomac d'un crapaud : il faut donc les écarter des ruchers par
tous les moyens possibles. C'est pendant la nuit
et sur des terrains frais , qu'ils ont coutume de
traîner leurs corps immondes.

DÉCADENCE *des ruches.* Les signes de décadence des ruches s'annoncent vers le printems, mais plus particulièrement dans la saison où la campagne est à la veille de se dépouiller de sa parure : ces signes, sont : 1° lorsqu'on voit les ruches presque désertes, c'est-à-dire, que leurs entrées ne sont fréquentées que par un petit nombre d'abeilles qui reviennent de la campagne sans apporter des pelotes de pollen, ce qui indique qu'il n'y a point ou peu de couvain dans l'intérieur ; 2° lorsque à l'heure de l'exercice que prennent les abeilles pendant les beaux jours, depuis midi jusqu'à trois heures, les mouches de ces ruches restent dans l'oisiveté ; 3° lorsqu'en mettant les ruches sur le côté pour voir leur intérieur, les abeilles restent immobiles et sans donner aucun signe de colère, ce qui indique aussi le manque de couvain ; 4° lorsqu'on voit des faux bourdons après le tems de leur expulsion des autres ruches ; 5° lorsqu'on voit entrer impunément dans ces ruches des fourmis ou d'autres insectes pillards ; 6° lorsque, vers le soir, après avoir mis du miel sous la ruche, les abeilles ne l'ont pas enlevé pendant la nuit pour le transporter dans les alvéoles supérieures de leur logement; ces signes annoncent que la reine est morte, ou qu'elle est inhabile à peupler la colonie ;

qu'il n'y a aucune sorte de ver dans le peu de couvain qui reste pour la remplacer ; ces signes sont aussi les avant-coureurs de l'invasion de la teigne, qui vient, dans ces circonstances, achever la désorganisation de la ruche.

Le cultivateur, dans ce cas, doit se hâter de remédier aux maux qui menacent d'une ruine totale sa ruche, en frappant plusieurs coups redoublés vers l'entrée de la ruche ; si la reine ne paraît pas pour en venir reconnaître la cause, c'est une preuve qu'elle est morte ou qu'elle est devenue impropre à la propagation ; c'est alors qu'il doit la remplacer par une autre plus féconde, ou bien le cultivateur se décidera à réunir les abeilles qui ont survécu à une autre ruche plus peuplée, en employant les moyens que nous avons indiqué. *Voir Essaims faibles et tardifs.*

Cet état de décadence des ruches n'arrive ordinairement qu'aux ruches de petite capacité, peuplées le plus souvent d'essaims faibles et tardifs ; celles d'une capacité convenable, habitées par une colonie nombreuse, pourvues de provisions abondantes, possèdent mieux dans leur sein les élémens de prospérités qui leur font braver les maux auxquels les ruches étroites sont si exposées. Ces observations doivent suffire pour convaincre le cultivateur qu'un cer-

tain nombre de ruches de capacité bien entendue, fournira plus de profit, moins de peine
qu'un plus grand nombre, toujours à la veille
d'être ruiné par une infinité d'accidens qu'on
ne saurait prévenir.

DÉL

DÉLASSEMENT *des abeilles.* Ces insectes,
modèles d'activité pour le travail, pourvus d'organes visuels, conformés d'une manière qui
leur permet d'apercevoir des points, des différences là où tant d'autres animaux ne peuvent
voir que des masses et des uniformités ; enfin,
des êtres à qui la nature a prodigué un nombre
infini d'yeux, au moyen desquels ils travaillent
dans l'obscurité comme dans le plus grand jour,
avec une précision égale à leur ardeur ; il est
naturel de croire que ces insectes doivent
éprouver le besoin de réparer les pertes cau-
sées par l'exercice de leurs courses et de leurs
travaux ; ce besoin, d'ailleurs, devient d'autant plus indispensable, que la multiplication
de ces insectes arrive précisément dans le tems
le plus propice à la récolte de leurs provisions;
aussi, les abeilles pour mettre à profit ce double avantage, poursuivent leurs ouvrages avec
une ardeur qui tient du prodige. On a remar-

qué dans ces tems favorables, qu'elles com-
blaient, dans l'espace de quelques jours, leurs
logemens de rayons, qui regorgaient de provisions et de couvain.

Pendant la saison où la campagne n'offre
aucune ressource, les abeilles, forcées de passer ces tems de privation dans l'oisiveté, ensuite passant subitement de l'état de repos à
une vie active et fatigante, le besoin de se
délasser doit, ce me semble, se faire sentir encore plus physiquement ; aussi, c'est dans ces
tems de fatigue qu'on voit dans les ruches et
même près de leurs entrées, une partie de ces
insectes, accablés par leurs fréquentes et
pénibles excursions, rester presque immobiles,
attachés les uns aux autres par les petits crochets qu'ils ont à l'extrèmité de leurs jambes.
C'est dans cette position que les abeilles répa-
rent leurs forces épuisées, pour se livrer ensuite avec une ardeur nouvelle aux travaux
auxquels la soison les invite. Dans ce tems de
fatigue, qui n'a pas même d'interruption pendant la nuit, tandis qu'une partie de la famille
se livre aux douceurs du repos, l'autre partie
redouble d'ardeur pour continuer les soins
qu'exigent l'éducation du couvain, la confection
des ouvrages et l'exercice des travaux champêtres.

C'est ainsi que dans ce gouvernement pa-
triarchal tout y est si bien prévu, tout y est
si bien ordonné, que chaque saison de l'année,
chaque heure du jour et de la nuit doivent
concourir à sa prospérité ; de sorte que si pendant la belle saison, les pluies ou les vents
ne permettent pas aux abeilles d'aller récolter
à la campagne du miel et du pollen, elles savent mettre ce tems à profit : elles convertis-
sent en cire les miels qu'elles ont accumulés
dans leurs magasins d'abondance, pour en construire leurs alvéoles ; c'est ce qui fait qu'on
trouve dans ces circonstances les ruches abondamment pourvues de rayons, mais vuides de
miel.

DÉP

DÉPOUILLE *des ruches.* La récolte de
miel et de cire que le cultivateur retire de son
rucher, s'appelle *dépouille* ; en effet, dans
cette opération il s'approprie les biens que les
abeilles avaient ramassés pour leurs besoins,
ce qui rend le sens de cette expression assez
juste.

Il y a plusieurs manières de dépouiller les
abeilles de leur provision ; l'abondance plus
ou moins grande de miel ou de cire contenue
dans la ruche, le nombre d'essaims qu'elle a

produits, sont des considérations qui servent de règle dans la manière d'opérer. Cette différence consiste à s'emparer de tout ou en partie de la récolte des abeilles. On s'empare de toutes les provisions contenues dans une ruche, lorsqu'on est persuadé qu'elle est comblée de miel et de cire, et que cet état d'abondance peut obliger les abeilles à se livrer à la molesse ou à l'oisiveté, ce qui entraînerait la décadence de la colonie ; c'est pourquoi les vols qu'on leur fait dans cette circonstance, bien loin de leur porter préjudice, leur deviennent utiles : l'excès des richesses, comme dans toutes les sociétés, arrête l'activité ; il énerve les forces et la population des plus fortes ruches : on a vu même des peuplades d'abeilles tellement dégoûtées du séjour d'une ruche remplie de provisions, qu'il ne leur permet plus de se livrer à leur amour pour le travail ; qu'elles l'abandonnaient pour chercher une habitation qui pût favoriser leurs habitudes à récolter des provisions pour les mettre en œuvre.

Il y a deux moyens de s'emparer de la totalité des provisions des abeilles : le premier consiste à faire passer les mouches de la ruche peuplée dans une ruche vuide ; ce moyen salutaire s'appelle dans beaucoup de pays *saubeiller*, c'est-à-dire sauver les abeilles.

Le second moyen consiste à faire périr les abeilles en masse, suivant une coutume barbare, en plongeant dans l'eau la ruche enveloppée dans un linge, ou en axphixiant les abeilles par la vapeur du soufre.

Lorsque l'état de la ruche qu'on veut dépouiller ne permet pas de s'emparer de toutes ses provisions, et qu'on ne peut y toucher qu'avec ménagement, cette opération s'appelle *tailler*, *châtrer*, *dégraisser*, *tondre* la ruche.

Nous allons parler des différentes manières de s'emparer des provisions des abeilles, des tems où elles se pratiquent, des signes qui annoncent qu'on peut les faire avec succès : nous entrerons dans les détails qui peuvent faire connaître leur utilité, en indiquant, enfin, les moyens les plus efficaces pour les exécuter le plus avantageusement possible.

Je commencerai par faire connaître la manière de s'emparer de toutes les provisions des abeilles, en employant la vapeur du soufre, non dans le dessein d'engager le propriétaire à suivre cette coutume abominable, mais plutôt pour lui montrer l'horreur qu'elle doit inspirer aux cultivateurs susceptibles de quelques sentimens de reconnaissance envers ces insectes si laborieux et si généreux.

L'ignorance, mère de l'absurdité, publie

encore dans certaines contrées, que les ruches
qui ont trois ans, ne sont plus propres ni à
travailler, ni à produire des essaims, et que par
conséquent il ne faut pas les laisser parvenir
à cet âge, si on veut en retirer quelque profit.

Cette opinion, née du défaut de connaissance sur l'histoire naturelle de ces insectes,
n'est propre qu'à détruire la population des
abeilles : nous avons remarqué (*Voir Multi-*
plication, Fécondité, Couvain, Ponte) que
les abeilles perpétuent leurs races d'une manière incroyable ; qu'une ruche peut se maintenir dans un état prospère pendant de longues
années (*Voir Durée des ruches*) ; que sa
population, en se renouvelant presque à chaque
année, peut, par conséquent, produire des
nombreux essaims et fournir à son maître une
ample provision de miel et de cire, comme
nous l'indiquerons dans la suite.

Avouons que l'origine de faire périr cruelle-
ment les abeilles pour s'approprier leurs provisions, remonte aux tems où l'homme semblait être condamné à être dupe d'erreurs gros-
sières ; heureusement que les lumières que
tant de savans ont répandues sur l'histoire naturelle de ces insectes, ont fait naître des
méthodes qui ne tendent qu'à leur conservation.

Nous avons vu des princes dont la prevoyance pour tout ce qui intéresse le bien de leurs sujets, leur a fait publier des loix qui défendaient de faire mourir les abeilles sous peine de punitions arbitraires. C'est un Grand Duc de Toscane qui a donné à son peuple cet acte de haute sagesse; si son exemple avait été imité par les princes qui aiment à détruire les préjugés absurdes qui sont contraires à l'intérêt de leurs sujets, nous n'éprouverions pas la douleur de voir que l'ignorance sacrifie encore ces insectes précieux à une avidité mal entendue : car, cette manière de s'emparer du fruit des travaux des abeilles est la plus simple et la plus expéditive. Elle consiste à placer la ruche qu'on veut dépouiller sur une poële remplie de charbons allumés, sur lesquels on jette de la fleur de soufre; la vapeur qui s'en élève, en pénétrant dans l'intérieur de la ruche, asphyxie les abeilles, qui tombent à l'instant par millier, et l'avidité du cultivateur est plutôt satisfaite sans craindre d'être piqué.

Telle est l'origine et la cause de cette méthode meurtrière. Depuis que des savans ont enrichi l'histoire naturelle des abeilles par des faits et des découvertes qui ont fait naître des méthodes de cultiver ces insectes, plus salutaires pour elles et plus productives pour le

propriétaire, le nombre des partisans du système destructeur diminue de jour en jour ;
nous devons ces bienfaits au zèle éclairé de
plusieurs cultivateurs. On peut dire donc que
le chemin qui a conduit à la perfection de cette
branche de l'économie rurale a été frayé par
l'étude et les progrès des sciences naturelles,
à qui nous devons tant de perfectionnement
dans toutes les branches de l'art, et qui fait la
force de l'état et le bonheur de ceux qui le
cultivent.

La seconde méthode, qui consiste à s'approprier le totalité des provisions de la ruche,
sans employer des moyens meurtriers, s'appelle, comme nous l'avons dit, *saubeiller*,
c'est-à-dire, sauver les abeilles ; il faut, pour
cela, faire passer les abeilles de la ruche pleine
dans une ruche vuide.

Pour pratiquer cette opération salutaire, on
examine, dès la veille du jour de la récolte, les
ruches les mieux remplies de miel et de cire ;
les plus vieilles doivent être les préférées ;
leur poids et l'état de leur population serviront
de guide dans le choix qu'on fera ; on mar-
quera par un signe toutes celles qu'on destine
à la dépouille ; ensuite on dispose un nombre
de ruches égal à celui de celles qu'on veut
retrancher ; on prépare également les instru-

mens et les ustensilles nécessaires à l'opération;
on arrive le lendemain à la pointe du jour au
rucher ; on garnit un vase de charbons allumés , on y jette quelques morceaux de vieux
linges un peu mouillés, pour produire une fumée convenable ; on place la ruche qu'on
veut récolter sur un tabouret ou dans une position qui favorise l'entrée de la fumée qu'on
a dessein d'y faire pénétrer : lorsqu'on s'aperçoit que les abeilles renfermées dans la ruche
enfumée se trouvent assez étourdies et comme
dans l'ivresse , on la pose à terre , ayant son
ouverture en haut; on y place de suite par-dessus la ruche vuide ; on frappe des coups redoublés sur l'étendue de la ruche qu'on vient
d'enfumer, et les abeilles, fuyant le séjour d'un
logement que la fumée leur rend incommode,
passent volontiers dans la ruche vuide ; il faut
avoir l'attention d'entourer la réunion de deux
ruches d'un linge pour faciliter le passage des
abeilles , et lorsqu'elles ont passé dans la ruche vuide , on la place de suite sur la table de
la ruche qu'on vient de dépeupler , afin que
les abeilles qui retournent des champs puissent
entrer dans la nouvelle habitation. Quant à la
ruche qu'on veut mettre à contribution , elle
doit être placée à part ; on entoure son pour-
tour avec de la terre , afin de la préserver du

pillage des abeilles qu'on a chassées, et qui ne manqueraient pas de regagner leur ancienne demeure, renfermant encore leurs provisions et leurs couvains. On continue à traiter de la même manière les ruches destinées à être dépouillées; ensuite on procède au décollement des gâteaux avec un instrument en fer de 18 pouces de long sur 6 lignes en carré, ayant à une de ses extrêmités un tranchant qui sert à les détacher des parois de la ruche, et l'autre extrêmité se trouve recourbée pour les retirer de l'intérieur.

Après avoir enlevé tous les gâteaux contenus dans les ruches dépouillées, on transporte cette récolte dans des cornues aux lieux qui doivent servir à la manipulation du miel et de la cire.

Cette méthode, comme on voit, réunit le double avantage de faire la récolte des provisions des abeilles et celui de les conserver. Si on la pratique dans un tems favorable, les abeilles auront encore le tems de s'en procurer pour passer la mauvaise saison. Plusieurs cultivateurs, dans l'espoir de conserver les abeilles *saubeillées*, les transportent au paturage, c'est-à-dire, dans des contrées où la saison des fleurs étant arrivée, elles puissent fournir à ces insectes des ressources pour réparer les pertes qu'on leur a fait éprouver. *Voir Voyage des ruches.*

La méthode de s'emparer partiellement des provisions des abeilles et qu'on appelle *tailler,* doit se pratiquer avec discernement. « On » court risque, dit M. Hubert, de ruiner ab- » solument ses ruches, quand on s'empare en » trop grande quantité du miel et de la cire » des abeilles. L'art de cultiver ces mouches » consiste à user sobrement du droit de parta- » ger leur récolte ; mais à se dédommager de » cette modération par l'emploi de tous les » moyens qui servent à multiplier les abeilles ; » si on veut se procurer, chaque année, une » certaine quantité de miel et de cire, il vaut » mieux la chercher dans un grand nombre de » ruches qu'on exploite avec discrétion, que » dans un petit nombre, auxquelles on pren- » drait une trop grande quantité de leur tré- » sor. Il faut laisser une portion de miel suf- » fisante pour l'hiver, car, quoiqu'elles con- » somment moins dans cette saison, elles con- » somment cependant, n'étant point engour- » dies, comme quelques auteurs l'ont prétendu. » Ce précepte de M. Hubert doit être observé lorsqu'on taille les ruches ; c'est le moyen de jouir long-tems de l'avantage de partager les provisions des abeilles, sans courir le risque

de les perdre entièrement ; au contraire, la
taille de la cire qui se pratique annuellement
dans beaucoup de pays, est même utile aux
abeilles ; elle est même regardée comme le
profit qui manque moins rarement que celui
du miel ; car si cette taille n'avait pas lieu régulièrement, on n'aurait dans les années stériles, d'autres produits que la dépouille des
ruches mortes, et, dans les années abondantes
en essaims, on aurait peu de chose, parce qu'il
est rare qu'on puisse prendre du miel aux ruches qui ont essaimé, le couvain ayant occupé tant de place, qu'il n'y en a point eu
pour la récolte du miel. Ainsi, cette pratique
n'est pas moins utile aux abeilles qu'à leurs
propriétaires. Les ruches qui posent sur terre,
et c'est le plus grand nombre, ayant toujours
après l'hiver, le bas de leurs rayons altérés
par l'humidité, si on n'enlevait pas ces taches,
il en coûterait plus aux abeilles d'en faire l'enlèvement, que d'en construire de nouveaux.

La taille des ruches peut se faire au printems et à l'entrée de l'automne ; mais la règle
générale est de la pratiquer dans un tems où
les abeilles puissent avoir les moyens de réparer les larcins qu'on leur a faits. L'époque
précise de cette opération ne peut être déterminée : la saison, l'état de la ruche, celui de

la floraison , enfin, la température qui règne , sont autant de circonstances qui peuvent varier à l'infini, par conséquent elles doivent être prises en considération avant de procéder à cette opération. Par exemple , si l'hiver a été doux et que les fleurs soient précoces , on peut dévancer la taille : une ruche qui abonde en couvain doit être menagée ; on ne peut la tailler que lorsqu'il n'y a plus de danger de sacrifier les espérances de la population; on peut, sans courir ce danger , les tailler deux mois avant la sartie ordinaire des essaims. La taille de la cire se fait au bas de la ruche, et la taille du miel se pratique à sa partie supérieure , qui est ordinairement le grenier d'abondance de ces mouches.

En s'emparant d'une partie des richesses de ces insectes , il y a des règles à observer : outre la modération qu'il convient de garder dans la partage qu'on fait avec eux, il n'est pas indifférent de prendre indistinctement les gâteaux qu'on leur soustrait. On doit être extrêmement attentif à ne point toucher à ceux qui contiennent du couvain ; la grande affection que les abeilles ont pour leurs petits, serait cause qu'elles ne supporteraient ces pertes qu'avec la plus vive douleur , et qu'à la fin elles se dégoûteraient d'un domicile où

11 *

l'on a si peu ménagé leur sensibilité. Nous avons remarqué (*voir Attachement des abeilles pour leurs petits*), que la propagation de l'espèce, les soins d'élever le couvain est ce qui leur tient le plus à cœur ; de sorte que si on leur enlève les provisions, elles se hâteront d'en ramasser de nouvelles. Il semble qu'elles sont moins sensibles aux injustices qui peuvent se réparer par le travail ; mais si on porte un fer meurtrier sur leur progéniture, le courage les abandonne, elles succombent à l'affliction. Si on les voit, après cette perte, reprendre leurs ouvrages, c'est qu'elles espèrent que la reine renouvellera sa ponte; aussi, quand on épargne le couvain en taillant les ruches, on s'aperçoit que les abeilles reprennent leurs occupations avec bien plus d'activité que lorsqu'elles en sont privées : il importe donc de ménager les rayons qui contiennent du couvain, et de ne pas confondre les alvéoles qui en contiennent, avec celles qui sont remplies de miel.

Vers la fin de l'hiver, dans le mois de mars ou d'avril, suivant la température du climat que l'on habite, les abeilles sortent de leurs ruches pour aller faire leurs récoltes ; c'est alors le tems de s'emparer d'une partie de leurs richesses, mais principalement des gâteaux qui sont vuides ou devenus noirs par un trop long séjour dans la ruche, parce qu'autrement ils empêcheraient les abeilles d'en construire de nouveaux, et que, d'ailleurs, cette taille procure de la cire, production précise ; les vols qu'on fait à ces mouches les engagent à redoubler d'ardeur pour les réparer, afin de préparer à la reine les cellules dont elle a besoin pour y déposer sa nouvelle ponte.

Pour faire la taille des rayons, il faut choisir un jour calme et serein, et la commencer vers dix heures du matin ; cette première taille est utile aux abeilles et au propriétaire.

Si celui qui doit pratiquer la taille des ruches est sensible aux piqûres des abeilles, il faut qu'il prenne des précautions pour s'en préserver, car cette opération se fait à des époques où il y a toujours du couvain, par conséquent les abeilles sont disposées à faire une vigoureuse résistence pour le conserver. Il faut que celui qui opère couvre sa tête d'un capuchon en forme de camail, dont la partie qui répond au visage soit remplie par une gaze ou d'une toile de tamis, ou d'un masque de fil de fer, ce qui lui permettra de tailler sans être piqué ; il couvrira aussi ses jambes avec des guêtres et ses mains avec des gants de laine, qu'il attachera sur sa chemise autour des poignets. Muni d'une paire de tenailles, d'un

marteau et d'un instrument tranchant, qu'il
fera chauffer dans un vase rempli de charbon
allumé, arrivé à la ruche qu'is veut dégraisser, il enlève son couvercle, approche des
gâteaux une torche de vieux linges allumés
et fumante, souffle sur elles au moyen d'un
soufflet pour en écarter les abeilles ; il tranche
les morceaux de gâteaux qu'il veut enlever et
les dépose dans des vases destinés pour cela,
en les couvrant d'une serviette ; on continue
ainsi la taille, en ménageant le couvain, qui est
placé ordinairement au centre et au-devant de
la ruche ; le couvercle de cire des cellules qui
contiennent des vers et des nymphes est un peu
convexe et un peu brun, au lieu que celui
qui couvre celles du miel est blanc. Pour connaître les cellules qui contiennent des œufs,
il faut les couper dans toute leur longueur, et
examiner dans leur fond, qui est pyramidal,
s'il y a des œufs nouvellement pondus. Si à
l'extrêmité des rayons, il y a des cellules royales, il faut les arracher, afin qu'une partie
des ouvrières qui sont dans la ruche ne soient
pas tentées de se ranger auprès d'une jeune
reine et de sortir avec elle pour former une
colonie, ce qui diminuerait la population de
la ruche. L'art de gouverner les ruches consiste à les entretenir toujours bien garnies d'a-
beilles.

La quantité de gâteaux qu'on retranchera, doit être proportionnée à l'abondance des biens qu'on trouvera dans chaque ruche ; il ne faut même en ôter qu'autant qu'il est nécessaire pour entretenir l'activité des abeilles , autrement elles se dépitent , meurent de regrets , ou elles désertent; dans tous les cas, il vaut mieux laisser dans chaque ruche des provisions surabondantes , que de mettre les abeilles dans le cas d'en manquer.

Après avoir terminé la taille , on remet le couvercle de la ruche à sa place , en observant de frapper le moins qu'il sera possible sur les clous ou les chevilles qui doivent le fixer ; on ferme toutes les fentes avec du pourget et on place la ruche taillée sur son ancien support.

Quelques cultivateurs conseillent de mettre à part le couvain qu'on peut enlever dans l'opération de la taille, et de le placer dans les ruches peuplées d'abeilles saubeillées. La difficulté de placer les morceaux de rayons contenant du couvain dans une position semblable à celle qu'ils occupaient dans leurs premières demeures , qui, sans cette précaution, peut se corrompre , ce qui devient plus nuisible que profitable , cette difficulté , dis-je , a fait regarder ce conseil peu praticable. Les moyens simples et faciles à exécuter doivent être préférés dans tout ce qui est relatif à la culture de ces insectes.

DUR

DURÉE *des ruches peuplées.* **Nous** avons remarqué (*voir Durée de la vie des abeilles*) combien cette vie précieuse était exposée à des événemens qui ne permettaient guère qu'elle pût se prolonger au-delà de deux années ; mais la durée de la population d'une ruche pouvant se renouveler à chaque année, on peut assurer que la colonie peut se soutenir dans une ruche pendant un tems indéterminé. Chaque contrée où l'on cultive les abeilles ne serait point en peine de fournir, à l'appui de cette assertion, une foule d'exemples. Lapoutre, dans son *Traité Économique des Abeillles*, assure en avoir vu une qui se soutenait depuis cinquante ans ; Duchet, dans la *Culture des Abeilles*, dit en avoir conservé une pendant vingt-huit années, encore ne périt-elle que par accident ; en 1771 il en avait une de vingt-un ans. Pequet de Noyon en a conservé une pendant vingt-cinq ans. J'ai observé que les essaims d'abeilles qui se logent dans les cavités des rochers perpétuent leur durée à un tel point que, de mémoire d'homme, on n'a jamais pu savoir l'époque de leur établissement, malgré qu'on invente toutes sortes de moyens destructeurs pour s'emparer de leurs provisions. Un religieux de l'ordre des Chartreux m'a assuré qu'un essaim d'abeilles qui s'était logé spontanément dans une cellule de son couvent, situé au milieu d'une vaste forêt, s'y était maintenu dans un état de prospérité qui datait d'une époque très-reculée. La taille des rayons de miel qu'on pratiquait annuellement, fournissait la provision de miel nécessaire à l'usage du couvent. La description pompeuse que ce carthésien me fesait de la forme, de l'étendue de la direction des gâteaux, était digne de piquer la curiosité des amateurs d'abeilles. Pendant les chaleurs caniculaires, le miel vierge coulait tellement des rayons suspendus au plancher de la cellule, qu'on était obligé d'y mettre des vases pour le recevoir. Sans doute que cette fameuse peuplade d'abeilles, digne de figurer dans les fastes de leur histoire, fournirait encore du miel, sans les orages de la révolution, qui détruisirent de fond en comble l'asile des hôtes de ce monastère champêtre.

DURÉE *de la vie des abeilles.* Les notions que nous avons sur la durée de la vie des abeilles, sont fondées sur des conjectures. Parmi les anciens, Virgile et Pline supposaient qu'elles pouvaient vivre sept à huit ans. L'abbé De la Ferrière, qui a fait des recherches curieuses dans cette partie, pense qu'il y a deux saisons dans l'année qui sont cruelles pour les abeilles : l'automne, lorsque les feuilles commencent à tomber, et le commencement du printems ; il croit qu'il en meurt naturellement plus de deux tiers dans ces deux saisons ; sans compter celles qui périssent de mort violente. M. De Réamur, croit, d'après ses expériences, que la vie des abeilles ne s'étend guère au-delà d'une année et qu'une ruche renouvelle sa population presque à chaque année. De cinq cents abeilles qu'il avait marquées en rouge avec un vernis à l'esprit de vin, dans le mois d'avril, et qu'il avait reconnues en mai et juin, lorsqu'elles butinaient en campagne, il n'en retrouva pas une au mois de novembre suivant.

On dirait que la durée de la vie des abeilles, ainsi que celle de beaucoup d'insectes, se mesure sur la durée du tems qu'ils ont employé à leur accroissement, ainsi que sur leurs aptitudes plus ou moins fécondantes à se multiplier. Les abeilles qui se multiplient prodigieusement, et dont l'accroissement s'opère dans peu de tems, jouissent d'une courte vie.

Suivant la remarque intéressante de plusieurs

naturalistes célèbres , la durée de la vie des
animaux en général , est environ quintuple ou
sextuple de celle de leur accroissement ; d'a-
près ce calcul , fondé sur les progrès de l'en-
durcissement animal , qui suit immédiatement
l'époque de l'accroissement complet , dont le
dernier terme procure la vieillesse suivie de
la mort naturelle de l'individu : l'abeille femelle, qui parcourt ses périodes d'accroissement
dans l'espace de seize jours , serait l'individu de
la famille qui aurait le moins de tems à vivre. Il
est possible que les dispositions à une fecon-
dité excessive , le travail d'une ponte immense
soient des causes débilitantes qui peuvent
hâter la mort de l'individu. Le mâle abeille ,
doué d'un caractère apathique, peu sensible au
plaisir de la reproduction , vivant dans l'oisiveté, dans le sein de l'abondance, emploie vingt-
sept jours à son accroissement complet. Toutes ces causes favorables à la vie organique ,
peuvent retarder l'heure de sa mort. Le neutre
abeille, dont l'accroissement s'opère dans vingt
jours environ , tiendrait le milieu entre le terme de la vie du mâle et celui de la femelle.

Les réflexions que la courte durée de la vie
des abeilles fait naître, sont bien tristes, quand
on pense que les moyens pour favoriser leur
culture servent plutôt à leur dépopulation

qu'à leur multiplication. Dans le dessein d'améliorer le sort des abeilles et de suppléer en quelque sorte aux défauts de leur chétive existence, les essais que j'ai tentés dans mon *rucher expérimental* ont été couronnés d'un succès qui a surpassé mes espérances. *Voir Apié champêtre, Apié domestique.*

DYS.

DYSSENTERIE. Cette maladie est très-cruelle pour les abeilles ; elle est attribuée aux effets du nouveau miel recueilli sur certaines fleurs, telles que celles de tilleul, d'orme, de tithymale, de buis, etc. D'autres économes en attribuent la cause au défaut de pollen, dont les abeilles se trouvent dépourvues dans leurs logements à la fin de l'hiver, époque où les abeilles né peuvent vivre que du miel.

Une expérience de **M.** de Réaumur vient à l'appui de cette opinion : ce savant a observé que toutes les abeilles qu'il avait renfermées pendant un certain temps, et auxquelles il n'avait donné d'autre nourriture que du miel, étaient atteintes de la dyssenterie. Une autre preuve qu'on doit attribuer cette maladie au défaut de cire brute ou de pollen,

c'est que dans les ruches qui, en sont dépourvues, les abeilles rongent la cire des
gâteaux pour se garantir de cette maladie.

Les abeilles s'exposent aussi à éprouver
les tristes effets de la dyssenterie, à la suite
des pluies qui durent trop long-temps. Pres-
sées de profiter de l'apparition des premiers
rayons du soleil, l'humidité des fleurs leur
cause cette maladie, et bientôt la ruche se
trouve dépeuplée. Les abeilles malades ne
pouvant retenir leurs excrémens, les laissent
échapper involontairement sur les gâteaux; le
séjour de la ruche devient alors un foyer
d'infection, et la maladie se communique à
toute la colonie. On connaît que les abeilles
sont attaquées de dyssenterie, quand on aperçoit à l'entrée des ruches des taches larges
comme des lentilles, d'une couleur presque
noire et d'une odeur insupportable.

On remédie aux effets destructeurs de cette
maladie, en administrant aux abeilles des
sirops fortifiants, tels que ceux dont nous
avons fait connaître la recette. (*Voir Indigestion*). Au printemps, les abeilles recherchent les eaux salées; celles qui sortent des
latrines, des fumiers, des endroits où l'on
lave les vaisselles, etc., ce qui a fait croire
à plusieurs cultivateurs que le sel devait être

un remède contre cette maladie ; des expériences manquent pour ajouter foi à cette
conjecture.

E A U.

EAUX *nécessaires aux abeilles.* C'est dans
la saison du printemps où les abeilles se
livrent à leur ardeur pour le travail ; c'est
pourquoi c'est dans ces temps de fatigue
qu'elles ont besoin de se rafraîchir pour
ranimer leurs forces épuisées par leur courses lointaines. Un ruisseau qui serpente dans
les allentours de leur domicile, entretient la
fraîcheur de l'atmosphère, procure aux plantes une verdure toujours nouvelle et conserve plus long-temps l'émail des fleurs.

Les anciens conseillaient de placer les
ruches près d'un ruisseau d'eau claire ; Virgile en fait un précepte dans ses georgiques,
en recommandant d'y jeter des branches
d'arbre, afin d'arrêter les abeilles que leur
imprudence ou le hasard auraient précipitées
dans leur cours.

Si la position du rucher ne permet pas
d'y amener des ruisseaux, il faut leur en
procurer ; l'eau doit être comptée parmi les
choses qui sont le plus nécessaires aux abeilles.
Pour cela, il faut mettre à leur portée des

baquets remplis d'eau, qu'on aura soin de renouveler, et dans lesquels on pourra mettre quelques plantes de cresson, sur les tiges desquels les abeilles pourront se poser sans danger lorsqu'elles voudront se désaltérer : c'est ainsi que M. Lombard abreuve ses abeilles, dont les ruches sont éloignées des eaux courantes.

Je puis fournir une preuve certaine que les abeilles ne peuvent se passer d'eau dans la chaleur de leur travaux.

Vers le milieu de notre plaine, qui a près de quatre lieues de circonference, on voit un lac qui, pendant la belle saison, sert à rafraîchir les abeilles, quoique leurs ruches en soient éloignées à plus d'une demi-lieue ; ce site, si remarquable par les services qu'il rend aux abeilles, offre un genre de beauté qui doit m'excuser si en passant j'en donne une esquisse.

En arrivant vers le milieu du trajet du chemin vicinal de la commune de la Roque Brussanne et de celle de Garéoult, on est tout à coup frappé d'un sentiment de terreur mêlé d'admiration à la vue d'un spectacle des plus imposans, des plus magnifiques : c'est un gouffre profond, reste d'un crathère immense, creusé par les éruptions d'un volcan, dont

les laves se sont étendues au loin dans la
plaine. Ce phénomène volcanique, dont l'origine se perd dans la nuit des temps, présente une circonférence de **730** pas géométriques, sur **150** pieds de profondeur ; le fond
ressemble à un vaste bassin dont les eaux
limpides et bleuâtres refléchissent ses bords
escarpés, parsemés çà et là de differents arbrisseaux, dont la verdure contraste avec la couleur grisâtre des rochers qui le bordent. Ces
eaux croissent et décroissent suivant le dégré
d'humidité atmosphérique ; ordinairement elles
se montrent à **70** ou **80** pieds au-dessous du
niveau de la terre végétale ; ainsi leur profondeur permet de contempler les traces de
déchiremens terrestres, produits par l'ex-
plosion des matières combustibles qui avaient
été incarcerées dans ces vastes souterains. Ce
volcan éteint offrirait des grands sujets de
méditation aux géologues ; il est à regretter
qu'il n'ait point été visité par un Saussure,
par un Dolomieu ; le célèbre Buffon, disait,
que si les rois de l'ancienne Egypte, au
lieu d'avoir dépensé des sommes énormes
pour élever des pyramides dans les airs, ils
les avaient employées à creuser l'intérieur de
la terre, nos connaissances sur la théorie
seraient plus avancées. L'aspect de ce gouffre,

semble réaliser les vœux de ce savant phy-
sicien ; on dirait, en le voyant, que la nature
l'a creusé pour mettre en évidence les entrailles de notre globe.

On descend sur les bords de ce bassin
par un sentier tortueux, qui balconne sur ses
flancs presque taillés à pic.

Les abeilles du voisinage, quoique leur demeure en soit éloignée, accourent en foule
dans cet abreuvoir naturel, pour s'y désaltérer ; elles en couvrent les rives pendant la
saison du printemps ; elles fréquentent volontiers ces lieux solitaires, dont la position les
abrite contre la fureur des vents. Le chant
du rossignol plaintif, de la tendre fauvette,
acquiert dans cette enceinte, environnée d'é-
chos, une mélodie dont les accens produisent une agréable diversion dans l'ame du
contemplateur vivement ému à la vue d'un
tableau si beau et si étonnant.

Ainsi, le trajet que les abeilles parcourent
pour venir se désaltérer dans les eaux de
ce lac, prouve de la manière la plus évidente que les ruches doivent être placées dans
le voisinage des eaux fraîches ; à défaut, il
est de toute nécessité de leur en procurer,
pour leur éviter des courses lointaines, qui
pourraient être employées à ramasser des provisions.

ENGOURDISSEMENT. Cette maladie des abeilles est causée par l'excès du froid : on sait que ces insectes, pour se garantir des rigueurs de l'hiver, se réunissent en masse dans l'intérieur de leur habitation, et passent ainsi la mauvaise saison dans une espèce d'engourdissement ; mais lorsque le froid descend à des degrés qui pénètrent les matériaux de leur logement, en plein air, il altère alors la température ordinaire de l'intérieur de la ruche : dans ce cas, les fluides de l'organisme animal se condensent ; leur circulation est enrayée, et les fonctions organiques n'étant plus vitalisées, l'abeille périt dans un état d'asphyxie. Le moyen le plus sûr de préserver les abeilles de l'engourdissement mortel, est de leur procurer des logemens moins exposés à la rigueur de la mauvaise saison. (*Voir Loge - abeilles*).

ENN.

ENNEMIS *des abeilles.* Cet insecte, si précieux par les services qu'il nous rend, si admiré par ses travaux et ses ouvrages, jouit d'une chétive existence : la famine, les maladies, la voracité d'un grand nombre d'animaux avides de ses provisions, l'intempérie des saisons, enfin, tout semble conspirer contre la courte durée de ses jours. L'homme, qui aime tant les abeilles, est son plus cruel ennemi : par sa négligence, elles meurent quelquefois faute de quelques soins ; il oublie le plus souvent les dons qu'elles lui prodiguent avec tant de générosité, et pour contenter sa cupidité, il les sacrifie quelquefois pour s'approprier le fruit de leurs travaux.

Si les animaux se multiplient à raison des dangers et des ennemis qu'ils ont à redouter, les abeilles avaient grandement besoin de pourvoir à la conservation de leur race ; sans cette sage prévoyance de la nature, nous ne jouirions pas du plaisir de les soigner, ni de celui de prendre part à leur récoltes. Par reconnaissance, écartons tout ce qui peut leur être nuisible.

Nous allons faire connaître les animaux qui font la guerre aux abeilles, pour s'emparer de leurs provisions. Nous indiquerons en même temps les moyens qui nous paraissent les plus efficaces pour les préserver de leurs hostilités ; nous parlerons ensuite des maladies qui les affligent et des moyens de curation qui leur conviennent. (*Voir Maladie des abeilles*).

Parmi les ennemis qui conspirent contre les abeilles, c'est avec un sentiment de peine

que nous plaçons l'homme en première ligne ;
nous voyons ensuite, parmi les quadrupèdes,
l'ours, le renard, le martre, la fouine, toutes
les bêtes fauves, enfin, le rat, la souris, le
mulot, la musaraigne : parmi les oiseaux, le
pic, l'hirondelle, la mésange et tous les oiseaux
qui vivent de proie. Parmi les reptiles, nous
voyons le serpent, le lézard, le crapaud, etc.;
en un mot, dans la famille des insectes,
nous trouvons les ennemis les plus acharnés
contre les abeilles, des papillons, tel que le
sphinx, l'araignée, les guêpes, les frèlons,
la fourmi, le poux, enfin, les teignes, qui sont
leurs ennemis les plus redoutables. (*Voir
les articles qui indiquent chaque ennemi particulier des abeilles*).

ESS.

ESSAIM. On appele *essaim* un certain
nombre d'abeilles d'environ 15 à 20 mille,
composé de trois ordres d'individus, capables
de se maintenir et de se réproduire dans un
nouvel établissement. Dans cette colonie, qui
s'est détachée de sa métropole ou de la ruche-
mère, il doit s'y trouver une femelle qui ait
été fécondée, et un nombre suffisant de mâles
et de neutres pour que l'essaim trouve parmi

les individus qui le composent, les élémens de sa prospérité future.

Causes de la sortie des essaims. Les causes qui donnent lieu à la sortie des essaims de la ruche-mère, peuvent être distinguées en causes éloignées et en causes prochaines. Les premières sont : 1° l'état d'abondance ou de pénurie des provisions dans lequel se trouvent les abeilles d'une ruche ; le nombre d'individus qui l'habitent à l'époque de l'aissemage ; 2° la température plus ou moins favorable du climat ; 3° l'état de la floraison plus ou moins hâtive, plus ou moins tardive, plus ou moins propice à la récolte du miel et de la cire ; 4° enfin, l'exposition, le voisinage des ruchers près les végétaux qui abondent en miel et en miélée ; toutes ces causes agissent d'une manière sensible pour hâter ou retarder l'apparition des essaims.

Les causes prochaines ou immédiates de la sortie des essaims, sont : 1° un accroissement excessif de population dans le logement des abeilles, ce qui rend leur séjour peu habitable et les force à déloger ; 2° le passage subit de la température ordinaire des ruches, qui est de 27 à 28 degrés, à celui de 30 à 32 ; 3° enfin, la naissance d'une nouvelle reine-mère, dont la présence, incompatible avec l'économie d'une ruche, qui ne peut en comporter qu'une seule, exige qu'elle se mette à la tête de ce surcroît de population, pour aller former un nouvel établissement dans une autre habitation. Toutes ces causes de départ des essaims, qui intéressent tant le propriétaire d'abeilles, s'annoncent par des signes auxquels il doit porter toute son attention.

Signes de la sortie des essaims. Dans ces temps qui précèdent le départ d'un essaim, on voit, de midi à trois heures, les mâles ou les faux bourdons se promener en grand nombre vers l'entrée de la ruche, qui, alors, se trouve mouillée par les vapeurs qui s'exhalent dans son intérieur ; on entend dans la ruche un bourdonement confus, dans lequel on distingue un son aigu comme le chant de la cigale, et qui parait être l'action d'une seule abeille ; tous les travaux paraissent suspendus ; les abeilles semblent craindre de perdre de vue leur demeure à la veille de la quitter ; celles qui sont sorties et qui arrivent chargées de provisions, négligent d'y entrer, et attendent le signal du départ, pour les transporter dans la nouvelle habitation, qui en sera dépourvue au moment qu'elles s'y établiront. La chaleur qui règne dans la ruche, augmentée par celle des rayons du soleil, les oblige à venir respirer un air frais, c'est alors qu'elles se rassemblent en foule à la porte, s'y entassent les unes sur les autres, forment ce qu'on appelle la *barbe*. Au moment où la chaleur intérieure de l'habitation est devenue insupportable (c'est-à-dire à 32 degrés), un bruit extraordinaire se fait entendre ; les abeilles, alors, sortent avec tant de précipitation, qu'elles semblent plutôt jaillir, que sortir ; dans moins d'une minute tout l'essaim a pris son essor ; le ciel semble en quelque façon obscurci par la multitude des mouches qui voltigent confusément, dans l'impatience de trouver un endroit propice à leur établissement. La reine-mère est au milieu de son peuple ; si elle voit qu'une partie de ses sujets s'assemble sur quelque endroit, elle vient les joindre, et bientôt le calme succède à la plus vive agitation. Les abeilles alors s'accrochent les unes avec les autres, forment une masse en grappe, et attendent le moment où le cultivateur leur présentera un logement pour les y recevoir. (*Voir manière de cueillir les essaims*). S'y l'essaim en partant s'élève trop haut, il faut, dans cette circonstance, user de précaution pour l'arrêter. (*Voir moyens d'arrêter les essaims*).

Pour se rendre raison des causes qui in-

13

fluent sur le nombre des essaims qu'on peut avoir chaque année, il faut considérer que la cause principale de cette variété consiste dans la quantité plus ou moins grande de miel et de cire que les abeilles peuvent récolter à proximité de leur logement. C'est à cette différence essentielle qu'il faut attribuer l'apparition des essaims dans les contrées méridionales qui arrivent ordinairement dans les mois d'avril et de mai, tandis que, dans les pays septentrionaux, on ne voit des essaims que dans les mois de juillet et août.

Une cause qui influe sur le nombre des essaims, c'est lorsque un hiver doux aura hâté la ponte de la reine-mère, il surviendra après des froids rigoureux qui retardent la végétation. Dans ces temps fâcheux, les abeilles ne trouvant plus dans les campagnes des alimens suffisans pour l'éducation de leurs couvains, les reines-mère détruisent les vers royaux, et les abeilles neutres abandonnent, faute de vivres, l'éducation de leurs petits.

Il est à remarquer que les ruches les mieux peuplées sont celles qui jettent les premiers essaims. Il faut que le miel abonde dans les fleurs, que le tems soit chaud, le soleil brillant, l'air calme, le ciel orageux, chargé d'électricité ; toutes ces causes favorisent aussi la sortie des essaims ; mais les vents impétueux et froids , la saison trop sèche ou trop humide contrarient leur départ , et alors il n'y a point ou peu d'essaims.

Manière de cueillir les essaims. Pendant la saison des essaims , il est essentiel d'avoir plusieurs ruches en état de les recevoir : lorsqu'on voudra faire la cueillete d'un essaim, on commencera à préparer la place sur laquelle on posera la ruche qu'on a dessein de peupler ; ensuite on l'approchera en tournant son ouverture en haut aussi près qu'il sera possible de l'essaim suspendu à la branche de quelque arbrisseau ; alors, par une secousse un peu vive , on fait tomber les abeilles dans le fond de la ruche ; après on la retourne dans sa position sur la place qu'on avait disposée avec précaution, dans la crainte que les abeilles, encore réunies en masse , ne tombent par leur propre poids avant d'avoir eu le tems de se fixer au plancher de la ruche.

Lorsque l'essaim qu'on veut cueillir est attaché contre un corps solide , ou un mur, on tâche de le faire entrer dans la ruche avec la main, ou avec un paquet de plumes , ou avec un petit faisceau fait avec les tiges de quelques plantes aromatiques ; toutes ces petites manœuvres , pour cueillir ces essaims , doivent s'exé-

cuter de la manière la plus paisible ; les mouvemens brusques et violens déplaisent aux
abeilles ; il faut user de ménagement pour les
engager à s'établir dans leur nouvelle habitation. Lorsqu'on s'est aperçu que toutes les
abeilles de l'essaim se sont réunies dans l'intérieur de la ruche , ce qui arrive ordinairement vers le coucher du soleil, on transporte
la ruche sur le local qu'on lui a destiné.

Dans beaucoup de contrées la plupart des
femmes des propriétaires d'abeilles sont chargées du soin de cueillir les essaims. Mon fils ,
âgé de dix ans , les cueille avec un empressement et une facilité qui me causent un plaisir
indicible ; il est familier avec les abeilles ; il
les ramasse dans ses petites mains pour les
faire entrer dans des petites ruches qu'il a fa-
çonné lui-même. Lorsqu'il renferme ces insectes
dans ses petites caisses, il me semble assister
aux belles expériences de Chirac : on dirait
que la présence des femmes et des jeunes personnes, bien loin d'exciter leur colère , contribue plutôt à les rendre plus traitables. Un fait,
arrivé dans le rucher de M. Lombard , vient à
l'appui de l'opinion que les abeilles semblent
se plaire avec les personnes d'un caractère doux
et aimable. « Un essaim part, dit-il , la reine
» s'abaisse à quelque distance du rucher ; j'ap-

» pelle une jeune personne pour la lui mon-
» trer; je prends cette reine; la jeune personne
» veut la voir; je lui fais mettre ses gants et
» la lui donne; nous sommes bientôt entourés
» des abeilles de l'essaim : je la retiens et l'en-
» gage à rester tranquille et en silence; je
» lui fais étendre la main droite dans laquelle
» était la reine; je reste à côté d'elle; on
» m'apporte un grand fichu très-clair, avec
» lequel je lui couvre la tête et les épaules;
» l'essaim est bientôt attaché à sa main, d'où
» il pendait comme à une branche d'arbre. La
» jeune personne était au comble de la joie et
» si rassurée, qu'elle me dit de lui découvrir
» le visage. Tout le monde était accouru; c'é-
» tait un spectacle charmant : j'apportai une
» ruche, et, en secouant la main, l'essaim fut
» logé sans accident. »

Ainsi, pour cueillir les essaims, il faut user
de précaution et de ménagement pour ne pas
les irriter; il faut aussi agir sans craintes,
éviter les mouvemens brusques, garder le silence et le recommander aux personnes qui
vous entourent dans cette opération.

Lorsqu'on craint la piqûre des abeilles, il faut
avant de cueillir les essaims, se couvrir le visage avec un masque, se munir de gants de
laines, couvrir les jambes de guêtres; ensuite

on s'assure si la ruche que va habiter l'essaim
est bien propre , bien lutée dans toute sa circonférence , ce qu'on connaît en la portant vers
la lumière; après, on frotte son intérieur avec
des plantes aromatiques, telles que les feuilles
de mélisse , de baume , de thym avec du miel;
dans certains pays, on l'arrose d'urine. Les ruches qui ont servi, imprégnées de l'odeur du
miel et de cire, sont recherchées par les abeilles;
il arrive souvent qu'elles s'y logent spontanément ; le cultivateur est alors agréablement
surpris de trouver ainsi ses ruches peuplées.

Lorsque l'essaim sera logé , si la reine-mère
est dans la ruche , les abeilles y resteront ; si
non, elles désertent pour aller la rejoindre ;
alors on le ramassera de nouveau pour tâcher
de l'entraîner dans la masse des abeilles qu'on
fera tomber une seconde fois dans l'intérieur
de la ruche : quand l'essaim est rentré et qu'il
paraît y être fixé par la présence de la reine-
mère , on transporte avec précaution la ruche
sur l'endroit qu'on lui a destiné.

Pour prévenir le mélange parmi les essaims
qui peuvent survenir en même tems , il faut
observer que, dans toutes les positions , il faut
se hâter de ramasser les essaims , parce qu'ils
ne restent pas long-tems en place, surtout si
le soleil donnait sur eux avec violence. Si par

quelque motif, on ne pouvait les cueillir de suite, il faudrait prévenir leur départ en leur faisant un abri contre les ardeurs du soleil et contre les effets du vent et de la pluie. Ces précautions peuvent les déterminer à rester plus long-tems à la même place et les empêcher de se livrer à l'instinct qui les porte à regagner les bois, les cavités des rochers, leurs primitives demeures.

S'il arrive qu'un essaim se fixe sur un lieu si élevé qu'on ne puisse l'atteindre, il faut avoir soin du mettre du miel dans le voisinage pour attirer les abeilles; en même tems on risque de l'enfumer au moyen d'une torche de linges allumés qu'on attache à l'extrêmité d'un long bâton, afin d'obliger l'essaim à prendre un nouvel essor pour venir se fixer dans un endroit plus à portée de le cueillir.

ESSAIM *fixé à terre*. Lorsqu'un essaim s'est fixé à terre, il suffit de le couvrir avec une ruche qui touchera au sol du côté du soleil, afin de le mettre à l'abri de ses rayons; l'essaim se disposera bientôt à s'y loger.

ESSAIM *divisé en pelotons*. Si l'essaim en sortant de la ruche se divise en pelotons, il faut croire qu'il y a plusieurs reines qui se réunissent à chaque peloton; dans cette circonstance, il ne faut pas se presser de les cueillir. Le pe-

loton le plus faible abandonne sa reine pour se
réunir au plus nombreux ; la reine abandonnée se réunit aussi à la plus grande masse
d'abeilles ; alors on cueille l'essaim , et si dans
la ruche il se livre un combat entre les deux
reines , il ne finit que par la mort de l'une
d'elles : les neutres ne prennent aucune part
à cette querelle ; il ne sont occupés que des
soins et des préparatifs qui doivent faire prospérer leur nouvelle habitation.

Quand il faut veiller à la sortie des essaims.
Il est prouvé que les abeilles sorties en essaim
et qui sont abandonnées à elles-mêmes, et qui
ne sont pas cueillies à leur premier vol , vont
à la recherche des lieux où elles peuvent
se loger à l'abri des injures du tems , et que
lorsque ces lieux sont trouvés , tout l'essaim
y vole en droite ligne. Si on ne veut pes perdre des essaims, il faut garder le rucher pendant
tout le tems de l'essaimage ; malgré ces précautions, il arrive souvent des cas où les abeilles se déterminent à quitter leur ruche pour des causes
qui souvent sont inconnues , ou quelquefois
expliquées par les observations de quelques
cultivateurs. Dans les *Transactions Philoso-*
phiques 1907 , M. Knight assure avoir vérifié,
qu'avant le départ d'un essaim , les abeilles de
la ruche d'où il doit sortir , vont à la recherche

d'un lieu propre à les loger à l'abri des injures de l'air.

St-Jean de Crêve-Cœur, dans ses *Lettres du Cultivateur Américain*, s'exprime ainsi : « Un » des phénomènes les plus difficiles à résoudre » est de savoir, quand les abeilles auront es- » saimé, si elles voudront rester dans la ruche » qu'on leur aura destinée, ou échapper pour » aller se fixer dans le creux de quelque arbre; » car, quand par le moyen de leurs émissaires, » elles se seront choisi une retraite, il n'est » pas possible de les faire rester : plusieurs » fois j'ai forcé les essaims d'entrer dans la » ruche que je leur avais préparée, je les ai » toujours perdus vers le soir ; au moment où » je m'y attendais le moins, elles s'enfuyaient » en corps vers les bois. »

Duchet, dans son ouvrage sur les *Abeilles*, imprimé à Vevay en 1771, pense que les abeilles, avant de sortir, envoient des fourriers chercher un camp dans les creux des arbres, à une assez grande distance. La vitesse avec laquelle les abeilles se rendent dans ces lieux de prédilection, en prenant le chemin le plus court, ferait croire qu'elles s'y rendent sous la conduite de leurs fourriers, avec la certitude d'y être reçues commodément.

Ces faits prouvent la propension qu'ont les

abeilles à se loger dans les bois ; il y a d'autres
faits qui prouvent également qu'à défaut de
creux d'arbres dans les forêts, les abeilles vont
se loger partout où elles peuvent être à l'abri
des intempéries des saisons. M. Dubost, dans
son ouvrage sur les *Abeilles*, pag. 69, dit :
« Qu'on ne s'imagine pas qu'un essaim parte
» au hasard, ce serait mal juger des êtres qui,
» aux yeux de l'observateur, donnent tant de
» preuves d'intelligence : cette assertion n'est
» pas une conjecture, elle pose sur des faits
» dont j'ai été témoin et que je vais rapporter:
» J'étais un jour, vers les neuf heures du
» matin, au-devant de mon abeiller, où j'exa-
» minai le mouvement des abeilles, lorsque
» j'aperçus d'autres mouches qui entraient et
» sortaient d'une ruche que je savais être
» vuide, et qui même n'avait jamais servi :
» excité par l'envie de savoir ce qu'elles y
» fesaient, j'en visitai l'intérieur, où je trouvai
» à peu près une centaine d'abeilles qui en par-
» couraient avec avidité tous les côtés. Je fus
» frappé de cette singularité, sans cependant
» y attacher aucune idée. J'étais à table, quand
» on vint m'avertir qu'on voyait voler un es-
» saim qu'on croyait sorti de mes ruches ;
» quoique je fusse sûr qu'il ne pouvait m'ap-
» partenir, je ne résistais pas au plaisir d'aller

» observer sa marche. Je ne fus pas plutôt
» dans ma cour, que je le vis se diriger sur
» mon abeiller ; me rappelant alors l'obser-
» vation du matin, je conjecturai qu'il allait
» se loger dans la ruche dont j'ai parlé ; ce
» qui arriva en effet. »

Il n'y a aucun propriétaire d'abeilles qui,
à l'époque des essaims, ne trouve quelquefois
des vieilles ruches peuplées spontanément par
des nouveaux essaims : dans tous les pays où
l'on cultive ces insectes, on pourrait citer une
infinité de faits semblables. Tout le monde
sait que dans les tems de l'essaimage, les essaims vont quelquefois se loger dans les con-
duites des cheminées, dans les fentes des
vieilles masures, dans l'espace qui existe entre
le vitrage et les parevents des fenètres, et que
là, malgré l'étendue de l'emplacement, ils s'y
meltiplient et prospèrent à merveille. Je ne
répéterai point ce que j'ai dit à l'article *Abeille
sauvage*, sur les moyens de prospérité que
leur offre un logement spacieux.

D'après l'ensemble de ces observations et la
certitude que nous avons que dans les forêts
du Nord de l'Europe, les abeilles se logent
d'elles-mêmes, soit dans des troncs d'arbres,
soit dans des blocs creusés par la main des
hommes, il est à croire que les essaims d'abeil-

les ont parmi elles des quêteuses qui vont à la recherche des lieux où elles pourront se mettre promptement à l'abri des injures du tems ; autrement il en périrait un grand nombre. Si le besoin de se conserver et de se multiplier porte les abeilles à se livrer à des travaux si étonnans , à des ouvrages si recherchés , ce même besoin doit aussi les porter à choisir les lieux qui peuvent favoriser leur instinct.

Il ne faut pas croire, cependant , que toutes les fois qu'on voit entrer dans une ruche vuide un certain nombre d'abeilles , on doive s'attendre à y voir arriver un essaim. L'attention que j'ai fait aux mouvemens de ces abeilles , m'a prouvé qu'elles vont dans ces ruches non habitées pour y ramasser les matériaux de leur propolis , ou pour y butiner de la cire sur les vieux rayons qu'on laisse ordinairement dans ces ruches.

Lorsqu'on s'aperçoit des signes non équivoques qui précèdent le départ des essaims , il faut se tenir à portée de ses ruches , depuis huit heures du matin jusqu'à trois heures après midi. C'est vers ce tems de la journée , où les causes de leur départ, que nous avons signalées précédemment , agissent plus puissamment pour déterminer leur sortie. Ce précepte, pourtant, a quelques exceptions; car, après une

nuit extrêmement chaude , comme cela arrive
souvent dans le tems de l'essaimage , on peut
avoir des essaims avant sept heures du matin ,
et les vicissitudes atmosphériques de la journée
peuvent quelquefois les retarder jusqu'à six
heures du soir.

Lorsque les ruchers sont entourés d'arbres
nains , on peut quelquefois se dispenser de
veiller à la sortie des essaims , parce qu'ils s'y
attachent le plus souvent. J'ai remarqué aussi
qu'ils se suspendent plus volontiers aux branches qui ont servi aux essaims précédens.

Si par quelque motif on est obligé de ramasser les essaims long-tems après leur départ, on voit à l'endroit où ils étaient attachés que les abeilles les plus voisines de la
branche avaient commencé les fondemens de
leur ouvrage ; on y voit plusieurs portions de
lozange ébauchées.

Pour éviter que les essaims ne s'éloignent
du rucher , il faut leur procurer des endroits
favorables pour s'y arrêter avec commodité ;
on peut suspendre, dans le voisinage , le dessus
d'anciennes ruches ; les essaims s'y posent volontiers pour s'y mettre à l'abri des rayons du
soleil et des orages.

Il faut aussi avoir soin de planter dans le
voisinage des ruches , des arbres nains , des

14

arbrisseaux odoriférants , des plantes aromatiques. Après que l'essaim a été cueilli , on voit
quelquefois un peloton d'abeilles qui s'obstinent
à rester sur la branche où l'essaim s'était suspendu , pour y ramasser la cire de leur ouvrage
ébauché. Lorsque ce groupe d'abeilles tarde à
se réunir dans la ruche , il faut frotter cet endroit de l'arbre avec quelques plantés qui leur
soient désagréables , comme la rue , le sureau.

Malgré toutes ces précautions , si le cultivateur a le désagrément de voir ses essaims
qui s'élèvent à la hauteur de 12 à 15 pieds
au-dessus des endroits qui ont coutume de les
recevoir , dans cette circonstance, il faut avoir
à sa portée du sable ou de la terre fine , et la
jeter promptement à pleines mains au milieu de
l'essaim ; on peut aussi lui jeter de l'eau au
moyen d'un aspersoir ; les abeilles s'abaissent
bientôt pour se fixer et se mettre à l'abri des
effets de cette pluie de poussière. On conviendra
que ce moyen d'arrêter les essaims est efficace,
si l'on fait attention au nombre de trachées ou
organes pulmonaires dont l'habitude de leur
corps est pourvue : la poussière , en bouchant
leurs orifices , peut asphixier l'individu: c'est
pourquoi les abeilles sont si sensibles aux effets de la fumée et de la poussière.

L'espèce de charivari que les habitans de la

campagne ont coutume de faire, en frappant
sur des chaudrons au moment du départ d'un
essaim, n'est bon que dans le cas où il s'éloigne
du rucher, afin d'avertir que le propriétaire
est à sa suite et qu'il entend en conserver la
propriété. Si un essaim se fixe chez des voisins, le cultivateur qui l'a suivi a le droit de
le prendre, en payant le dégât qu'il a été
obligé de faire pour le suivre et pour s'en emparer, suivant la loi du 28 septembre 1791.

Lorsqu'il arrive qu'un essaim sorti semble
vouloir retourner à la ruche mère, c'est une
preuve que la reine-mère n'est pas sortie ; il
faut observer qu'un essaim qui sort cause un
bourdonnement extraordinaire auquel on ne
peut se méprendre. Les premières abeilles qui
sortent se retournent, se balancent un instant
devant la ruche et s'envolent ; à l'instant, les
abeilles sortent en foule ; les premières sorties
conduisent les autres ; la reine sort ensuite et
se joint à l'essaim.

Si l'essaim, avant ou après s'être fixé, et
même mis dans une ruche, est dans l'agitation,
ce qui se manifeste par un grand bourdonnement et les courses confuses que font les abeilles de l'essaim, c'est une preuve que la reine
n'est pas avec elles : alors il faut la chercher
dans la ruche d'où l'essaim est parti ; on la

trouve d'autant plus facilement qu'elle est presque toujours accompagnée d'une espèce de cortège ; on la prend avec douceur sans craindre d'être piqué et on la réunit à l'essaim, et le calme renait à l'instant.

ESSAIMS *qui se mêlent.* Lorsque deux essaims sortent en même tems , ou à peu de distance les un des autres ; il arrive souvent qu'ils se mêlent ensemble ; alors il faut les réunir dans la même ruche quelque tems après. Pour cela , il faut étendre un drap à terre ; on secouera la ruche peuplée pour que les abeilles se dispersent ; dès qu'on verra un groupe qui indiquera la présence d'une reine , on la couvrira avec un gobelet de verre , on disposera la ruche sur les abeilles éparses çà et là sur le drap, afin qu'elles puissent rentrer avec l'autre reine , et on emportera la reine du gobelet; après le coucher du soleil, on secouera de nouveau sur le drap les abeilles réunies dans la ruche , de manière que la moitié de ces abeilles puissent passer dans une autre ruche vuide, qu'on aura apportée à dessein, et l'autre moitié dans la première ruche. Pour savoir dans laquelle de ces deux ruches la reine s'est rendue, on s'en apercevra facilement : celle qui possédera la reine sera calme ; les abeilles de l'autre ruche qui en seront privées seront dans la plus grande agitation ; c'est dans cette dernière à qui il faut donner la reine du gobelet , et la tranquillité s'y établira à l'instant ; les deux ruches peuvent être alors en état de prospérer.

Les essaims qui se jettent dans les ruches-mères y causent un grand désordre. L'attachement que les abeilles portent à leur couvain , excite chez elles des transports de fureur qui donnent lieu à des combats meurtriers (*voir Combat des Abeilles*) ; dans ces circonstances , le cultivateur doit se hâter d'employer les effets de la fumée pour appaiser leur colère et éviter la ruine de sa ruche.

ESSAIMS *artificiels.* On appelle *Essaim artificiel* , la moitié d'une peuplade d'abeilles qu'on fait passer d'une ruche pleine dans une ruche vide , au moyen de plusieurs procédés , que nous ferons connaître après que nous aurons jeté un coup-d'œil sur l'origine , les causes et les avantages qui ont contribué à innover cette méthode dans la partie économique des abeilles.

Le but de cette méthode est de se procurer des essaims à volonté , c'est-à-dire , avant l'époque ordinaire de leur sortie , et surtout de multiplier ses ruches. L'idée de faire des essaims artificiels est due à la découverte de Chirac ; elle est connue depuis long-tems dans la

14 *

Haute-Lusace, où elle a pris naissance, d'où ensuite elle sa répandit en Suisse, en Allemagne et dans le Nord de la France. Cette découverte, due au hasard, comme nous l'avons remarqué (*voir* article *Couvain*), a appris qu'un ver d'abeille neutre peut devenir une reine-mère, au moyen d'une nourriture particulière que les abeilles savent lui administrer, et au moyen d'un logement qu'elles construisent pour le développement d'un ver royal.

Cette découverte, qui a fait tant de bruit dans l'histoire naturelle des abeilles, a été confirmée par un grand nombre d'expériences pratiquées par des naturalistes dont l'autorité ne laisse aucun doute sur sa réalité. Ces expériences, faites avec soin et avec discernement, sont détaillées dans l'article *Couvain*, où cette découverte m'a paru se rattacher spécialement à la seconde période que parcourt son développement; il serait donc inutile d'en parler une seconde fois; il n'est question, ici, que de faire connaître les procédés qu'on emploie pour faire des essaims artificiels.

Avant d'entrer dans leurs détails, je me permettrai d'émettre mon opinion sur les avantages que promettent les essaims qu'on obtient d'une manière artificielle.

La méthode de multiplier ses essaims, par

des moyens forcés , peut réussir dans les années
abondantes en miel et en cire , par conséquent
propices à l'essaimage ; mais ; dans ces circonstances heureuses , la nature ne fait-elle pas
spontanément et sans effort , ce qu'ou voudrait
lui faire exécuter artificiellement ? Tout le
monde sait qu'une ruche bien peuplée , peut jeter jusque cinq à six essaims dans les années
qui offrent des riches moissons aux abeilles ;
pourquoi donc user de moyens forcés pour
multiplier ses essaims , tandis que la nature
opère , dans sa sagesse par des voies plus sûres
que celles que l'art invente ? D'ailleurs , combien de circonstances où le cultivateur éclairé ,
au lieu de s'occuper des moyens pour diviser
les peuplades de ses ruches, il lui importe, pour
avoir l'espoir de les conserver , de les réunir.
Une ruche ne saurait être trop peuplée ; son
excès de population remplira mieux les vœux
du propriétaire que celles qui sont médiocre-
ment peuplées.

Cependant, le cultivateur qui aura la curiosité
de faire des essaims artificiels peut opérer de
plusieurs manières , comme nous allons l'indiquer. Toutes les ruches composées de plusieurs pièces en facilitent les moyens : voici
comment on agit avec la ruche de M. Lombard,
qui est une modification des ruches à hausse.

Voir sa construction, article *Ruche villageoise.*

Signes et tems propices pour faire des es-saims artificiels. Dans tous les climats on peut faire des essaims artificiels, huit ou dix jours après avoir aperçu aux ruches mères des faux bourdons ; il faut considérer que la ponte des reines-mères a une révolution annuelle : cette ponte est modérée pendant six mois de l'année; elle est suspendue en hiver, et prodigieuse pendant la saison des fleurs ; elle est toujours en-tremêlée d'œufs de reines pour remplacer leur mère et pour la succession des essaims, et d'œufs de mâles pour les rendre fécondes; ainsi, l'apparition des faux bourdons est le signe le plus certain de l'état prospère de la population d'une ruche, par conséquent le signe propice pour faire des essaims artificiels.

Pour cette opération, il faut choisir un tems calme et chaud, depuis dix heures du matin, jusqu'à une heure après midi ; avant d'opérer, on a soin de décoller avec un fil de fer, atta-ché par ses deux bouts à un manche de bois, le couvercle de la ruche pleine, sans le dé-placer de son corps ; cette précaution étant nécessaire pour que le désordre, que la sépa-ration de deux pièces de la ruche peut causer, soit calmé lorsqu'on voudra opérer.

Ensuite, après avoir posé la ruche pleine,

ainsi traitée, sur un tabouret percé, ou sur un corps de ruche, au bas duquel on a mis un enfumoir ; on enlève alors le couvercle de la ruche pleine, qu'on place à proximité ; on met de suite à sa place le corps d'une ruche vuide renversée, c'est-à-dire, ayant son plancher contre celui de la ruche pleine ; c'est dans ce moment que l'on voit les abeilles qui, voulant éviter l'effet de la fumée, passent en marchant, non en volant, dans la circonférence interne de la ruche vuide. Lorsqu'on s'est aperçu que la moitié de la peuplade, accompagnée de sa reine, qui se voit quelquefois au milieu d'un groupe d'abeilles, a déserté la ruche pleine, on retourne la nouvelle ruche ainsi peuplée, on lui met son couvercle ; on remet également à sa place celui de la ruche qui vient d'être opérée, ayant soin de bien fermer l'un et l'autre couvercles sur leur corps de ruche avec de l'argile ou du pourget.

Dans cet état de choses, la ruche-mère, privée de sa reine, trouve le moyen de s'en procurer une nouvelle avec des rayons qui doivent, à cette époque, contenir des vers de différens âges (*voir* ce qui a été dit article *Couvain*). La ruche nouvellement peuplée jouit de l'avantage de posséder la vieille reine-mère, ainsi que de la moitié des abeilles de la

ruche pleine. que l'effet de la fumée a fait passer dans son intérieur.

M. Chirac apprend une autre manière de former des essaims artificiels par le simple dé-
placement des ruches. Il choisit, en février, les
ruches les plus fortes, celles qui renferment
le plus de gâteaux et qui sont les mieux peuplées; il les transporte à quinze ou vingt pas,
les place sous un toit, s'il est possible, afin
qu'elles soient moins exposées au froid; au
commencement du mois de mai il les taille, et
lorsque les abeilles ont réparé leur perte, c'est-
à-dire, quinze jours ou trois semaines après,
on prend des ruches qui ressemblent aux précédentes, on les parfume à l'ordinaire, on y
place deux ou trois morceaux de gâteaux grands
comme le paume de la main, et qui contiennent
les trois espèces de couvain, et surtout des
vers de trois jours, parce qu'ils sont essentiels
à la transformation de la future reine. Quand
tout est prêt, on choisit le moment où les
abeilles sont sorties en grand nombre, c'est-à-
dire, à une heure après midi; on enlève les
premières ruches et on met les secondes sur le
support qu'elles occupaient; les abeilles, au
retour de leurs courses, entrent dans cette
demeure sans se douter de la supercherie; elles
croient n'avoir que des pertes à réparer, elles

se mettent au travail, bâtissent des cellules
royales, et ne sont occupées que du soin de se
procurer une reine. Lorsqu'elles forment plusieurs reines, il arrive quelquefois que la plus
forte donne chasse à la plus faible, qui ne sort
jamais qu'accompagnée de plusieurs ouvrières ;
il faut y prendre garde le treizième et quator-
zième jours après l'opération, afin que si un essaim se met en campagne, on puisse le rattraper
et le faire rentrer dans la demeure qu'il a
quittée, après avoir fait périr la reine surnumé-
raire.

M. Chirac a fait plusieurs imitateurs dans
l'art de former des essaims artificiels. MM. Du
Carme, De Golieu, Duhoux et Purilat ont
simplifié les moyens donnés par l'aristomaque
de la Haute-Lusace, afin d'en rendre l'exécution plus à la portée des cultivateurs d'abeilles.

Méthode de M. Carme de Blangy. A l'époque de la saison des essaims, ce cultivateur
prend une ruche, qu'il parfume, et choisit le
moment où les abeilles sont le plus occupées du
soin de faire leur récolte ; il renverse sans-
dessus-dessous une ruche bien fournie de mouches et la couvre de celle qu'il a préparée ; en
donnant plusieurs coups à la ruche inférieure
pleine, il engage les abeilles à monter dans
celle qui est vuide. Lorsque la reine y est en-

trée avec une grande partie des abeilles , ce
qu'on connaît au bourdonnement continuel qui
y règne , on la sépare de l'autre ; on ferme son
ouverture avec un linge qu'on attache tout
autour, et on remet la ruche pleine dans sa
première position : les abeilles qui reviennent
chargées de provisions, entrent dans leur demeure ordinaire , continuent leurs travaux et peut-
être même sans trop s'apercevoir de la perte
que la colonie vient d'essuyer. Il paraît du
moins que , dans cette circonstance , la privation de la reine ne dérange point le cours de
leurs occupations , soit parce qu'elles trouvent,
parmi les biens qui leur restent, des cellules
royales qui leur promettent de voir une reine
au milieu d'elles , soit parce qu'elles savent
qu'avec le couvain dont les gâteaux sont pleins,
elles peuvent en susciter une capable de remplacer la première; cependant, on met à l'écart
et à l'ombre la ruche qui contient la reine , et
après le soleil couché on la transporte à quelque
distance. Le lendemain, les abeilles, après avoir
gémi sur le traitement qu'elles ont souffert ,
prennent la résolution d'apporter un prompt
remède à leurs maux et se livrent sans réserve
à leurs travaux , parce qu'elles n'ignorent pas
que la reine étant au milieu de sa ponte , il lui
faut un très-grand nombre de cellules pour

recevoir les œufs dont elle est pressée de se débarrasser.

Cette méthode de M. Du Carme est praticable avec toutes sortes de ruches, mais il en emploie une autre pour laquelle il faut des ruches à hausse (*voir Ruche de M. Du Carme de Blangy*). Pour cela, il faut diviser la ruche à hausse peuplée d'abeilles en deux parties, en la décollant avec un fil de fer, et on ajoute à ces deux demi-ruches un nombre de hausses pour les rendre égales à celle qui a été partagée. Dans ce cas, les abeilles de la ruche privée de la reine, trouveront le moyen de s'en procurer avec le couvain de différens âges qui doit s'y trouver. Les abeilles de la ruche qui possédera la vieille reine, se livreront à leurs travaux ordinaires sans s'apercevoir des changemens survenus dans leur habitation. On voit que cette méthode est celle que M. Lombard a pratiquée dans son rucher, avec sa ruche composée de plusieurs pièces.

Méthode de M. Gélieu. Pour former des essaims artificiels suivant cette méthode, il faut des ruches de son invention (*voir Ruche de M. Gélieu*). Au retour du printems, lorsque les abeilles ont repris leurs forces épuisées par un long engourdissement, lorsque la reine-mère, jalouse de repeupler ses états affaiblis

15

par les effets d'un hiver rigoureux, a recom-
mencé sa ponte et dispersé ses œufs dans différens gâteaux, il faut choisir parmi les ruches
les mieux peuplées, celles qu'on destine à
former des essaims artificiels. Sur le soir, après
le coucher du soleil, on enlève le pourget qui
bouche la réunion des deux demi-ruches ; on
les sépare et on y ajoute une demi-ruche vuide,
ce qui forme à l'instant deux ruches suffisamment peuplées ; on tâche alors de découvrir
laquelle des deux possède la reine ; le trouble
et la discorde que cause la division de la colonie, s'appaisent plutôt dans celle qui la renferme : au plus grand tumulte, succède un
bruit doux et uniforme, un bourdonnement
paisible qui annonce la présence de cette mère
chérie, auprès de laquelle on se console aisément des pertes les plus cruelles ; au lieu que
dans l'autre ruche, l'agitation, bien loin de diminuer, va en augmentant ; les abeilles en
sortent et y rentrent précipitamment; elles
semblent chercher avec une vive inquiétude,
une reine pour laquelle elles sont prêtes à tout
abandonner,

Quand on est parvenu à connaître la ruche
qui renferme la reine, on va la placer à une
distance d'une vingtaine de pas, sur un support ; on l'entoure de pourget et on en appli-

que à toutes les fentes, tandis qu'on fait mettre
à sa place l'autre ruche, parce que dans celle-ci,
quoique la division de la ruche ait été faite par
égales parts, il y a toujours beaucoup plus
d'abeilles. Par ce changement, le nombre des
dernières augmente, soit que les abeilles de la
première ruche continuent d'y venir par habitude, soit que l'amour qu'elles portent au couvain qui éclot tous les jours les y attire.

La méthode de M. Gelieu paraît préférable
aux autres : dans celle-ci, les provisions, le
couvain et les abeilles sont partagés également
ment sans secousses et sans avoir recours aux
effets de la fumée, ce qui n'arrive pas dans
les ruches à hausse, à cause que le miel est
placé ordinairement en haut de la ruche, le
couvain au centre et la cire au bas. Cet arran-
gement, cependant, peut varier dans deux occasions, au fort de la récolte ; elles placent
alors sans distinction, dans les cellules vuides
ce qu'elles apportent ; et dans le tems de la
grande ponte, la reine-mère, pressée de se débarrasser de ses œufs, les dépose partout où
elle peut. Mais à tout événement, il est à
présumer que la moitié des provisions du couvain écherra à chaque moitié de la ruche Gelieu;
on sera par conséquent dispensé de leur donner
à manger et sans craindre de les voir se dégoû-

ter d'une habitation qu'elles connaissent et qui contient, avec des provisions, une famille sur le point de naître, et peut-être même des cellules royales, d'où elles auront bientôt la consolation de voir sortir une reine, si elles ont le malheur d'en être privées ; dans tous les cas, ayant du couvain de différens âges, elles pourront s'en procurer une.

Méthode de MM. Duhoux et Périllat. Cette méthode peut se pratiquer avec toute sorte de ruche : c'est à cause de cet avantage qu'elle peut être généralement adoptée. Pour suivre ces procédés, il faut commencer par se procurer autant de reines que l'on veut avoir des essaims artificiels ; or, il faut attendre qu'une ruche ait essaimé pour la seconde fois, parce qu'à la première il sort rarement plus d'une reine : les seconds jetons, au contraire, en ont quelquefois cinq ou six. Pour s'en emparer, on se place à côté d'une ruche au moment que l'essaim en est parti : on est presque toujours assuré de voir des jeunes reines qui viennent se promener sur la table. Dès qu'on en aperçoit une, on la couvre d'un verre que l'on fait glisser sur un morceau de carton, ou bien on lui applique sur le derrière l'extrémité d'une baguette engluée et on la tire à soi ; on peut prendre de cette manière la reine qui accompagne l'essaim.

Quand on est muni de plusieurs reines, on examine quelles sont les ruches le mieux peuplées, on en ôte une de place pour la poser sur deux bâtons en croix, afin de ne pas écraser les abeilles ; on met une des reines qu'on a à sa disposition dans un verre plein à moitié de miel et d'eau délayé ensemble, et lorsqu'elle en est bien imbibée , on la place sur un support, on la couvre d'une ruche préparée comme pour recevoir un essaim ; les abeilles qui sont restées sur la table , l'entourent aussitôt , la lèchent et lui rendent toute sorte de bons offices ; les mouches qui reviennent de la campagne, entrent dans la nouvelle habitation ; les changemens qu'elles y trouvent les irritent d'abord ; elles en sortent avec fureur, volent de tous côtés ; cependant, vers le soir elles s'appaisent et vont se consoler de leur perte auprès de la nouvelle reine ; le lendemain elles reprennent leurs travaux et les continuent comme à l'ordinaire. Si on craint que les abeilles ne soient pas en assez grand nombre dans la nouvelle ruche, ou frappe quelques coups sur l'ancienne, les secousses en font sortir plusieurs mouches, qui vont se joindre à la nouvelle colonie ; on transporte ensuite la ruche déplacée sur un autre support, qui doit être éloigné du premier de quinze à vingt pas, où elle reprendra son activité ordinaire.

Ces procédés paraissent faciles, mais ils ne remédient point aux inconvéniens qui sont inséparables de la sortie naturelle des essaims : il faut attendre, pour les employer, que les ruches aient essaimé pour la seconde fois, et à cette époque, la saison étant trop avancée, les abeilles ne trouvent plus dans les champs des ressources pour monter un ménage et le garnir de provisions pour l'hiver suivant ; de sorte que le but principal qu'on doit se proposer dans la formation des essaims artificiels est manqué : on est obligé de soigner et nourrir ceux que l'on forme de cette manière, comme ceux qui viennent naturellement trop tard (*voir Essaims tardifs*). Si en adoptant cette méthode, au lieu d'avoir recours aux reines surnuméraires qui sortent avec les seconds essaims, on se sert des moyens que nous devons à **M.** Schirach, on ne s'opposera pas à sacrifier beaucoup de couvain, et on pourra se servir de toute sorte de ruche ; ces moyens de **M.** Schirach consistent à se servir de caisses semblables à celles qu'il emploie pour la formation des essaims artificiels, mais beaucoup plus petites ; on place ensuite dans chacune un morceau de gâteau de quatre pouces en carré, renfermant du couvain et surtout

des vers de trois jours, et on y introduit une
poignée d'abeilles. Le morceau de gâteau doit
conserver dans chaque caisse la position qu'il
avait dans la ruche qui l'a fourni ; il doit être
posé sur les pointes d'un rateau destiné à cela,
de façon que les abeilles puissent l'entourer de
toutes parts, et couver, pour ainsi dire, les œufs
et les vers. On aura pour ces petites boîtes
toute sorte de soins ; au bout de quinze à dix-
sept jours, on trouvera dans chacune plusieurs
jeunes reines qui peuvent servir à faire des essaims artificiels : enfin, M. Schirach, avec une
boîte dont les dimensions n'étaient que de quatre pouces, un petit rateau à quatre pointes,
un morceau de gâteau de la grandeur d'un écu
et deux cuillerées d'abeilles, est parvenu à se
procurer deux cellules royales, qui lui auraient
donné infailliblement deux reines, s'il avait
laissé les abeilles achever leur ouvrage. Dans
la pratique, on doit se servir de caisses qui puissent recevoir une plus grande quantité d'abeilles, afin qu'elles puissent se garantir du froid.

*Nombre des essaims que peut produire une
ruche.* Comme la quantité des essaims est su-
bordonnée à l'aptitude plus ou moins grande de
la fécondité de la reine-mère, et à l'abondance
plus ou moins grande de miel et de cire répandue sur la végétation ; il n'est pas facile de dé-

terminer le nombre d'essaims que peut donner
une ruche dans le courant de l'année. Dans les
saisons ordinaires, une ruche suffisamment peuplée, peut jeter deux ou trois essaims ; dans
les années contraires à l'essaimage, il y a peu
et plus souvent point d'essaims ; dans les années favorables, le nombre peut s'élever jusqu'à cinq et même à six. La différence des saisons, des climats, la forme des ruches sont des
causes qui influent puissamment sur les dispositions fécondantes de la reine-mère et sur la
quantité d'essaims qu'on peut espérer (voir
Multiplication). Une seule femelle peut pondre,
dans le courant d'une année, jusqu'à cinquante
mille œufs. Il y a des climats favorisés, où la
fécondation de la reine n'a point de bornes :
par exemple, dans les pays où l'on ne connaît
pas les frimats de l'hiver, tels que l'Afrique,
les îles méridionales de l'Amérique ; les abeilles
s'y multiplient d'elles-mêmes sans aucun soin ;
elles prospéraient tellement à la Martinique,
qu'on fut obligé de mettre des bornes à leur
multiplication, à cause que le nombre des essaims qu'elles jetaient incommodaient les nègres
dans les travaux des sucreries. Il n'est pas
étonnant que dans ces contrées, favorisées par
la douceur du climat ; par une végétation riche
en partie saccharine, les abeilles s'y multiplient
d'une manière si prodigieuse.

Dans la plupart des pays où l'on cultive ces insectes, une ruche-mère donne ordinairement de trois à quatre essaims dans l'espace de quinze à dix-huit jours. L'intervalle entre le premier et le second essaims est ordinairement de sept à dix jours; il est moins long entre le second et le troisième; le quatrième part quelquefois le lendemain du troisième.

Le premier essaim qui sort de la ruche-mère en donne quelquefois un autre, un mois après son établissement. Les abeilles d'un premier essaim commencent par construire des cellules d'ouvrières; la reine y dépose sa ponte, qui dure environ douze jours; pendant ce tems, les ouvrières construisent quelques gâteaux à grandes alvéoles, dans lesquels la reine fait une petite ponte d'œufs de mâles, ce qui excite les ouvrières à faire quelques cellules royales, dont la présence détermine un nouvel essaim, qui sera conduit par la vieille reine-mère, et qui en partant laisse dans la ruche des jeunes reines au berceau, capables de lui succéder.

Qualité des essaims. Les essaims que l'on reçoit dans la même année, ne sont pas tous également nombreux, ni également précieux : les premiers, sont les meilleurs, à cause qu'ils sortent dans un tems où les fleurs couvrent encore la campagne ; les derniers sont faibles et

doivent être réunis dans une même ruche, afin
de pouvoir résister aux rigueurs de la mauvaise
saison. Les plus forts essaims ne pèsent pas au-
delà de cinq livres ; s'ils pèsent davantage, ils
énervent la ruche qui les a produit : les meilleurs sont ceux qui pèsent de trois à quatre livres, parce qu'ils sont composés de quatorze
à vingt mille abeilles. M. De Réaumur a trouvé
que trois cent trente-six abeilles pèsent une
once, et dans une autre occasion, deux cent
quatre-vingt lui ont donné le même poids.

Essaims faibles et tardifs. On ne doit pas
attendre que ces essaims, qui sont les derniers
à sortir, puissent faire des provisions suffisantes
à l'entretien de leur ménage ; outre qu'ils sont
composés d'un plus petit nombre d'ouvrières,
la campagne n'offre plus, à cette époque, que
des faibles ressources à leur industrie. Pour
conserver ces essaims, qu'on peut regarder
comme des avortons, il n'y a pas d'autre moyen
que d'en réunir plusieurs dans la même ruche,
et avoir soin de leur donner du miel avant que
le froid les empêche de sortir, et afin qu'ils
aient le tems de l'arranger dans leurs magasins.
Pour cela, il faut faire choix des ruches qui
contiennent le moins de couvain, et employer le
secours de la fumée pour opérer ce mélange
avec plus de facilité et de succès : on peut

espérer alors que deux ou trois essaims faibles
réunis et soignés, peuvent devenir l'année
suivante une ruche précieuse.

Moyens d'obliger une ruche à essaimer. Ces
moyens consistent à relever la ruche et y ajouter une hausse par-dessous, afin de mettre les
abeilles à leur aise ; trois ou quatre jours après,
si le tems est beau et disposé à devenir chaud,
on supprimera la hausse ; les abeilles seront
alors plus à l'étroit et la chaleur les incommo-
dera tellement, qu'elles se résoudront à se séparer, et une partie de la peuplade ira chercher
ailleurs une habitation plus commode.

S'il est avantageux d'avoir beaucoup d'essaims, il y a des circonstances où il importe
d'empêcher les abeilles d'essaimer ; en effet,
toutes les fois que la population ne sera pas
très-nombreuse dans une ruche, ou que celle-
ci aura déjà produit un ou deux jetons, ou que
la saison des fleurs sera avancée, au lieu de
s'occuper des moyens de multiplier ses essaims,
il faut faire en sorte de les arrêter; dans ce cas,
il faut ajouter une hausse à la ruche en question ; les abeilles seront mieux à leur aise et
moins incommodées par la chaleur intérieure,
qui est, le plus souvent, la cause de la sortie des
essaims. On relève les ruches ordinaires avec
trois pièces de bois qu'on place en triangle

dessous : on peut aussi les tourner , c'est-à-
dire , mettre sur le devant la partie qui était
sur le derrière , car il est très-rare que les
abeilles jettent , lorsqu'elles sont dans une demeure commode et spacieuse ; cependant il peut
arriver que les moyens que nous venons de proposer ne soient pas suffisans , et que les essaims
ne laissent pas de partir ; dans ce cas , il faut
tâcher de les rendre à la ruche qui les a produits,
en employant les moyens que nous avons indiqués pour réunir les essaims faibles et tardifs.

Après le départ des essaims , on ne peut
concevoir comment les ruches restent suffisamment peuplées au moment de la sortie. Les
abeilles qui butinent dans la campagne , celles
qui sortent par centaines de leurs berceaux ,
dont les ailes encore mouillées ne leur permettent pas de suivre l'exemple de leur mère ,
toutes ces abeilles, qui composent presque la
moitié de la population de la ruche , suffisent
pour les travaux nécessaires à la continuation
de la prospérité du ménage ; cependant , il y a
des ruches-mères qui sont tellement affaiblies
par le départ des essaims , qu'elles périssent
pendant l'hiver suivant; ces sortes de cas arrivent fréquemment aux ruches étroites , dont
le défaut de capacité s'oppose à la multiplication de la population , augmente la chaleur in-

térieure et oblige les abeilles à se séparer en essaims faibles pour aller chercher un logement plus commode et plus spacieux, tel que celui que j'ai fait construire, toujours habité par une population nombreuse, dont la force des essaims se ressent de la source d'où ils sont sortis et ne saurait affaiblir la vigueur de la mère qui leur a donné naissance.

EXC

EXCURSIONS *des abeilles.* On croit généralement que les abeilles peuvent se porter très-loin pour faire leur récolte de miel et de cire. Dans l'*Encyclopédie*, on y lit : qu'on avait reconnu aux poussières des étamines de certaines plantes, que les abeilles allaient jusqu'à quatre lieues. L'abbé De la Rocca, pense que ces insectes sentent le miel de quatre à cinq lieues ; le docteur Chambon croit difficile à l'abeille de se porter aussi loin. M. Hubert semble, dans le récit suivant, donner la solution de ce point intéressant.

A l'époque de la révolution, ce cultivateur fut demeurer à Cour, près de Lauzane; il avait le lac d'un côté et les vignes de l'autre ; il s'aperçut bientôt du désavantage de sa position, lorsque les vergers de Cour furent défleuris et

16

le peu de prairies voisines fauchées ; il vit les provisions des ruches-mères diminuer journellement , les travaux des essaims cesser tellement, que les abeilles seraient mortes de faim, en été, s'il ne les eût pas secourues ; et son rucher d'une année à l'autre fut entièrement ruiné. Pendant que tout allait mal à Cour, les abeilles de Renan, de la Chablière , des bois de Vaux, de Cery , etc. , pays situés à une lieue de Cour, sans qu'il y eût lacs , bois ni montagnes entre les deux distances , vivaient dans l'abondance , jetaient des nombreux essaims , remplissaient leurs ruches de cire et de miel. Si mes abeilles , dit M. Hubert , eussent pu franchir l'intervalle qui les séparait des lieux où elles auraient trouvé de quoi vivre, elles l'eussent fait , plutôt que de se laisser mourir de faim. Elles ne réussirent pas mieux à Vevai, continue M. Hubert ; cependant il n'y a pas plus d'une demi-lieue, et aucun obstacle de Vevai à Hauteville , Chardonne , etc., où elles prospéraient. (Extrait d'une lettre inédite de M. Hubert, avril 1810.

D'après les observations judicieuses de M. Hubert, il est reconnu que les rayons du cercle que les abeilles parcourent, ne s'étendent pas au-delà d'une demi-lieue environ. Le cultivateur doit donc se régler là-dessus, et ne pas

compter sur les fleurs et les miélées qui sont
au-delà de cette distance.

E X P

EXPLOITATION *des abeilles en grand.*
Les propriétaires qui possèdent des bois et des
forêts , ou des terres disséminées sur différens
cantons, peuvent faire des spéculations lucrati-
ves sur la culture des abeilles. C'est ici le cas
de dire qu'on peut récolter , sans avoir semé ,
des produits avantageux qui n'ont coûté ni
engrais , ni culture ; pour cela, il ne s'agit
que d'établir dans les habitations rurales des
apiés domestiques , conformes à ceux dont j'ai
donné la description. (*Voir Apié*). Les propriétaires de bois et de forêts sont encore plus
favorisés pour construire des apiés champêtres
dans des lieux convenables , c'est-à-dire , à un
quart de lieue de distance les uns des autres, afin
que les abeilles d'un apié ne butinent pas au détriment de ses voisines. Ces sortes d'établissemens
n'exigent que peu de fonds , peu de soins, en
comparaison des revenus qu'ils peuvent procurer.

Les forêts sont , comme nous l'avons observé,
des endroits de prédilections pour les abeilles ;
c'est là où la végétation étale tout l'éclat de sa

parure : les fleurs et la miélée des arbres forestiers peuvent fournir aux abeilles des moissons
si abondantes, que dans quelques jours, si le
tems est favorable, elles peuvent combler leur
logement de provisions. Les apiés forestiers
promettent donc les plus riches produits ; le
sol des forêts, fertilisé par la décomposition
de la dépouille annuelle des arbres, à l'abri
de la violence des vents et des ardeurs du soleil, nourrit une infinité de plantes vivaces,
dont les fleurs, toujours nouvelles, offrent dans
toutes les saisons des grandes ressources aux
abeilles ; ainsi les propriétaires de bois et de
forêts ont à leur disposition des produits à
faire valoir, aussi certains que ceux qu'ils
retirent de leurs coupes.

Les contrées du Nord de l'Europe fournissent
beaucoup de miel et de cire qu'on recueille dans
les ruches placées dans les forêts des arbres
résineux qui couvrent ces vastes régions. Le
comte de Rzewouski, polonais, affermait le
produit des abeilles de ses bois, moyennant
40,000 écus : le fermier, dans certaines années, y gagnait beaucoup ; on avait évalué à
40,000 les ruches sauvages répandus dans ses
propriétés.

Si le gouvernement se déterminait à dissé-
miner sur la surface forestière qui lui reste,

des apiés champêtres convenablement situés , les revenus qu'il en retirerait seraient immenses : les agens forestiers, en remplissant leurs fonctions, exploiteraient facilement cette mine féconde en produits , dont les matériaux fournis par le règne végétal , sont totalement perdus pour le propriétaire.

Il serait à désirer que l'administration générale des eaux et forêts , confiée à un directeur qui a donné tant de preuves d'attachement aux intérêts de son Roi et de son pays , et qui a laissé dans notre département des souvenirs si chers aux amis de la monarchie , voulût bien faire prendre en considération les vues d'utilité publique que j'ai l'honneur de lui soumettre. Proposer de procurer à l'État des revenus qui ne coûteraient aucune charge particulière , est un projet digne de la sollicitude des ministres d'un Roi occupé du bonheur de ses peuples.

Les communes qui , en général , possèdent des propriétés forestières , en y établissant des apiés champêtres retireraient des revenus certains, qui serviraient à payer beaucoup de dépenses, et celles des gardes champêtres , dont les fonctions le rendraient si propres à l'exploitation des revenus provenant des *apiés*. C'est alors que la France pourrait entrevoir le terme où elle cesserait d'être tributaire de sommes

16 *

énormes , pour se procurer les miels et les cires
que les ressources de son sol lui prodiguent, et
dont les produits tourneraient au profit de ses
habitans.

FAU.

FAUSSE TEIGNE. Ce petit insecte est
un des plus redoutables ennemis des abeilles.
On donne , en général , le nom de *teigne* à des
insectes qui , ayant une peau rase , tendre et
délicate , ont besoin de se faire des espèces de
fourreaux pour se couvrir. Les uns se font
ces fourrures qu'ils transportent avec eux , et
on les appelle *véritables teignes ;* d'autres se
font ces sortes d'enveloppes immobiles, dans
lesquelles ils marchent à couvert , et on leur
donne alors le nom de *fausse teigne.*

Il est surprenant que des insectes qui ont une
peau délicate et qui sont sans armes , puissent
non seulement résister à des ennemis pleins de
courage, armés de dards empoisonnés , mais
qu'ils puissent encore , en se mettant à couvert
de leurs fureurs , les obliger à abandonner le
champ de bataille.

Les fausses teignes n'en veulent point au
miel , mais à la cire ; c'est pourquoi elles se
logent de préférence dans les gâteaux dont les
cellules sont vuides. Il y a deux sortes de

fausses teignes qui habitent les ruches, et que
M. de Réaumur a nommées fausses teignes de la
cire. Elles sont l'une et l'autre des chenilles à
seize jambes, dont les intermédiaires sont courtes et armées de crochets ; leur peau est rase
et blanchâtre ; leur tête brune et écailleuse ;
leur corps parsemé de taches brunes ; la petite
espèce est de la grosseur d'une chenille mé-
diocre : elle est commune ; l'autre espèce,
qui est de la grosseur des chenilles, est plus
longue et plus grosse, proportionnellement à
la longueur de la première ; celle-ci a des anneaux plus entaillés et surpasse l'autre en vi-
vacité ; elles ont toutes les deux des grands
poils noirs dispersés sur le dos ; leur façon de
vivre est parfaitement la même.

Si la nature n'a pas donné des habits aux
fausses teignes, elle leur a appris à s'enfermer
dans des tuyaux cylindriques qui leur tiennent
lieu de couverture et de logement. Chaque teigne a son tuyau qui lui sert de galerie, dont
elle ne sort jamais; elle l'allonge du côté qu'elle
veut s'avancer, afin d'être toujours à couvert.
Ces tuyaux ont cinq à six pouces et rarement
un pied d'étendue ; leur intérieur est un tissu
de soie blanche, assez serré et uni ; l'extérieur
est revêtu d'une couche de petits grains de
cire ou d'excrémens, quelquefois si serrés les

uns contre les autres, qu'on croirait, en le
voyant, qu'il n'est formé que de ces petits
grains de cire. L'insecte commence son tuyau
au moment de sa naissance, et les dimensions
qu'il lui donne sont toujours proportionnées
à la grosseur de son corps. Dans le principe,
son diamètre n'est pas plus gros que celui d'un
fil; il va en augmentant à mesure que la fausse
teigne s'avance en âge, et il est partout assez
spacieux pour qu'elle puisse s'y retourner bout
à bout, jeter ses excrémens, ou les faire servir
de couverture à la galerie. Si l'insecte est mis
à nud, et s'il est pressé de se couvrir, alors il
serre peu les fils les uns contre les autres; à
peine reconnait-on qu'ils sont arrangés en
tuyau : mais bientôt le tissu de fil devient
plus serré et la fausse teigne se dérobe à la
vue : sa tête est armée de deux lames brunes,
écailleuses, et de deux dents qui font les fonctions de ciseaux, pour détacher des petits grains
de cire semblables à du sable bien menu. Ces
grains sont autant de moëllons que l'insecte
fait servir pour couvrir son habitation et pour
être à l'abri des attaques de ses ennemis : pendant ce travail, il n'expose jamais que la tête,
qui est d'ailleurs armée d'un bon casque d'é-
cailles, contre lequel les traits des abeilles
viennent s'émousser.

Quand les fausses teignes ont pris tout leur accroissement aux dépens de la cire, elles se préparent à passer à l'état de chrysalide ; elles forment, au commencement de juin, une coque d'un tissu fort serré ; elles la recouvrent de petits grains de cire ou d'excrémens, et ne sortent plus de cette retraite que pour se montrer sous la forme de papillon. Ces papillons sont du genre des phalènes, qui ne volent que pendant une lumière douce, telle que celle de l'aurore ou du crépuscule, ou pendant la nuit éclairée par la lune. Ils portent les ailes couchées, d'un gris obscur avec des petites tâches noirâtres ; ils ont les yeux d'une sensibilité si grande, que l'éclat de la lumière les éblouit, et ils restent immobiles dans les lieux où la clarté du jour les a surpris. Ces papillons marchent avec une vitesse extrême ; ils ont les ailes pendantes, et quand ils sont en repos, elles ressemblent à un toit extrêmement incliné ; les femelles sont plus grandes que les mâles ; elles deviennent fécondes par accouplement et produisent une grande quantité d'œufs, d'où sortent les fausses teignes qui désolent les ruches.

Quand les fausses teignes sont établies dans un gâteau, elles vont d'un bout à l'autre, en marchant à couvert dans son épaisseur ; elles percent les alvéoles qui sont sur leur chemin

et sèment partout une malpropreté qui fait horreur aux abeilles.

Leur présence s'annonce dans la ruche par
des petits grains de cire qui tombent sur le
support. Dans les pays chauds ; les fausses teignes font beaucoup plus de ravages que dans
les pays froids : les moyens qu'on emploie ordinairement pour les détruire, consistent à arroser de vinaigre, mêlé avec du sel, les rayons
qui en sont infectés ; ce moyen serait simple, si
l'humidité qu'il cause et la vapeur qui s'en
élève ne déplaisaient aux abeilles. On emploie
dans quelques contrées l'huile de térhébentine
dont l'odeur est très-désagréable ; on conseille
aussi de placer une lumière pendant la nuit,
dans le voisinage du rucher ; ces sortes de papillons s'empressent de voltiger autour du feu
et finissent par se brûler leurs ailes. Tous ces
moyens ne réussissent pas toujours; les teignes
continuent leurs dégâts et le rucher fait des
pertes irréparables. Dans cette circonstance, il
faut visiter les ruches infectées, enlever avec
la pointe d'un couteau leurs nids et les œufs
qu'ils contiennent, arracher les tuyeaux qu'elles
y ont formés et couper tout ce qui a été sali.

Les fausses teignes n'attaquent ordinairement que les ruches faibles, dont la cause de
dépérissement doit être attribuée aux intem-

péries des saisons. L'excès du froid fait avorter
le couvain et sa corruption infecte les ruches,
dont le séjour devient insupportable aux abeilles ; l'excès du chaud cause la fonte du miel et
de la cire; dans cet état, une partie des abeilles peuvent s'engluer et les autres rester dans
l'oisiveté.

Si on pouvait remédier aux causes de dépérissement des ruches, les fausses teignes atta-
queraient moins souvent les ouvrages des abeilles : il est rare qu'elles s'introduisent dans les
ruches fortes, parce que leur population les rend
mieux en état de se défendre contre leurs hostilités ; ainsi les ruchers, dont les loges garantissent les abeilles des vicissitudes des saisons,
leur fournissent plus de moyens de se multiplier, et par conséquent les rend plus en état de
repousser les attaques des insectes qui en veulent à leurs provisions. Depuis que j'ai logé
mes abeilles dans les loges de mes apiés, j'ai
la satisfaction de moins craindre l'apparition
des fausses teignes.

FAUX COUVAIN. C'est ainsi que les auteurs
qui ont traité la partie économique des abeilles,
ont improprement appelé le couvain qui n'a pu
parcourir les périodes qui devaient le faire arriver à l'état parfait. Le couvain peut s'avorter,
1° par le défaut de qualité fécondante de la

part de l'abeille femelle ou du mâle ; 2° par l'influence nuisible d'une température trop froide, ou trop chaude, ou trop humide ; 3° enfin, par les effets des vapeurs qui s'élèvent dans les ruches bien peuplées. Pour remédier à ces inconvéniens. (*Voir Loge-abeilles*).

FÉC

FÉCONDATION. C'est le perfectionnement du produit de la conception opérée par l'intromission de la liqueur fécondante du mâle dans les parties génératrices de la femelle : cette liqueur, émanée de la masse du sang, secretée dans les organes générateurs du mâle, jouit à un haut degré de perfection des qualités nutritives et stimulantes propres à éveiller l'assoupissement dans lequel est plongé le jeu des organes de l'embrion renfermé dans l'œuf. Chez plusieurs animaux ovipares, la fécondation des œufs peut s'opérer sans copulation, à la manière des poissons ; mais l'accouplement est indispensable dans la fécondation de l'abeille femelle. (*Voir Accouplement*).

Suivant les dernières découvertes dont l'histoire naturelle des abeilles s'est enrichie, il paraîtrait probable que c'est par la voie de l'accouplement que la fécondation des œufs aurait lieu.

L'opinion du siècle d'Aristote, ressuscitée par l'illustre Maraldi, qui admettait que la fécondation chez les abeilles s'opère à la manière des poissons, était appuyée sur la considération de ce grand nombre de mâles qui ont été accordés à l'abeille femelle. Un cultivateur éclairé, M. Debraw, a fait des observations qui semblent confirmer l'opinion de la fécondation sans accouplement : il a vu plusieurs fois des mâles introduire leur derrière dans les cellules pour y arroser de leur liqueur fécondante les œufs qui venaient d'y être déposés ; il a remarqué aussi que les œufs ainsi arrosés, devenaient féconds, et que ceux qui n'avaient pas été arrosés demeuraient stériles ; il avait vu également que ces mêmes mâles n'étaient pas ces gros faux bourdons, qui sont les plus connus ; c'était des petits faux bourdons dont la taille n'excédait pas celle des abeilles communes. MM. Maraldi et de Réaumur avaient aussi connu ces petits faux bourdons, mais en petit nombre ; ils pensaient que la petitesse de leur taille était due au peu de capacité des cellules dans laquelle leur ver avait été élevé ; l'observation du cultivateur anglais indiquerait que ces petits mâles sont assez nombreux dans les ruches, comme on peut se l'assurer à l'époque de leur destruction, où cette différence se remarque parmi les cadavres des faux bourdons qu'on voit dans le voisinage des ruches : il resterait, néanmoins, à savoir quel est l'usage des grands faux bourdons, dont le nombre est ordinairement de plusieurs centaines ; leur derrière étant trop renflé pour pouvoir être introduit dans les cellules communes exagones où ils ont été élevés. M. Bonnet, dont le témoignage est d'une grande autorité, a fait à ce sujet des observations intéressantes dans une ruche vitrée nouvellement peuplée et garnie de plusieurs gâteaux assez étendus. « J'ai aperçu, dit-il (*Contemplation de la nature*) sur des rayons composés entièrement de cellules communes, un grand faux bourdon qui se mit à marcher lentement sur les cellules, et qui en passant donnait des petits coups de son derrière, prestement réitérés sur l'ouverture des cellules ; je ne pus alors me refuser à l'idée bien naturelle, que ces petits mouvemens si précipités, n'eussent pour fin la fécondation des œufs. Je jugeai aussi, continue M. Bonnet, que la conformation singulière que Swammerdam et de Réaumur nous ont fait admirer dans leurs parties sexuelles, pouvait les mettre en état de seringuer la liqueur fécondante jusqu'au fond de la cellule. »

Il semblerait donc, que les ténèbres qui

eouvrent la fécondation des abeilles , ont commencé à s'éclaircir ; mais elles ne sont pas entièrement dissipées. M. De Réaumur avait prouvé rigoureusement, que depuis le mois d'août jusqu'au mois d'avril, il n'y a point de faux bourdons dans les ruches , et pourtant les œufs que la femelle pond dans les mois de février et mars, ne laissent pas d'être féconds ; comment donc sont-ils fécondés ? La femelle s'unirait-elle au mâle pendant l'été et demeurerait-elle ainsi féconde jusqu'à l'approche du printem? Ou les petits faux bourdons auraient-ils échappés aux massacres que les neutres exécutent en juillet et août à tout ce qui est faux bourdons ? M. Schirach avait souvent expérimenté, que les jeunes reines qu'il obtenait d'un ver commun, pondaient des œufs féconds, quoiqu'il n'eût renfermé dans ses caisses que des neutres.

Il semblerait donc qu'on peut inférér de ces expériences, que l'abeille femelle reste féconde pendant deux années, à la manière des pucerons, si toute fois il n'y avait pas lieu de soupçonner que quelques mâles de la petite taille avaient échappé aux yeux de l'observateur. Malgré le nombre de ces observations , il faut avouer que nous tenons à peine les premiers élémens de l'histoire naturelle de ces insectes.

FÉCONDITÉ. C'est l'aptitude d'engendrer son semblable. La différence de sexe , l'âge , la saison , le climat influent puissamment sur les dispositions fécondantes ; l'abeille mâle , quoique peu sensible au plaisir de s'unir à sa femelle , possède des organes générateurs qui s'acquittent parfaitement des fonctions fécondantes ; l'abeille femelle est largement pourvue d'organes reproducteurs , dont les effets tiennent du prodige ; suivant l'ordre naturel , les jeunes abeilles femelles sont aptes à être fécondées depuis le sixième jusqu'au vingtième jours après leur sortie de leurs cellules royales ; quarante-six heures après la fécondation, elles commencent leurs pontes , qui peuvent se renouveler pendant une grande partie de l'année.

Le printems est la saison qui développe au suprême degré les facultés fécondantes des abeilles : la beauté du ciel , échauffé par les rayons du soleil , le calme de l'air , qui n'est troublée que par le souffle des zéphirs et embaumé par le parfum des fleurs , enfin , l'abondance du miel et de la cire répandus sur la végétation renaissante , invitent les abeilles à s'accoupler amoureusement et à ramasser des provisions ; aussi , la fécondité de labeille reine-mère est plus ou moins grande , suivant leur abondance

ou leur pénurie ; ses pontes sont plus ou moins
nombreuses, plus ou moins renouvelées , suivant que les ouvrières ont recueilli des matériaux pour construire des berceaux à leur progéniture et des magasins pour recevoir leur
récoltes. Les vicissitudes du climat peuvent
également hâter ou retarder leurs dispositions
féeondantes et consécutivement hâter ou retarder la sortie des essaims. (*Voir Ponte. Essaim*).

F O U

FOURMIS. Ces insectes présentent dans
leur caractère et dans leurs mœurs , des traits
d'analogie assez frappans avec les abeilles. Les
fourmis vivent en corps de société, distingué,
comme elles, en trois ordres d'individus : les
fonctions des mâles et des femelles se bornent
à la propagation de l'espèce ; et les neutres ,
privés de sexe, beaucoup plus nombreux ,
sont chargés des travaux de la fourmillière, et
vont également quérir au loin les provisions
nécessaires à la colonie. Ces insectes aiment
beaucoup les provisions des abeilles : à force
d'importunités elles parviennent à s'introduire
dans leurs habitations ; les abeilles des ruches
fortes savent leur en défendre l'accès , mais les
faibles finissent par leur abandonner la place ;

17*

on les voit alors entrer et sortir processionnel-
lement jusqu'à ce qu'il n'y ait plus de ressources à leurs rapines.

Lorsque les abeilles défendent l'entrée de
leur demeure aux fourmis, quelquefois une
seule ose attaquer corps à corps une abeille ;
mais comme la force des deux champions n'est
point égale, la fourmi a recours à la ruse et à
l'adresse : j'ai observé alors qu'elle se tapit
près de l'entrée de la ruche, choisit pour victime de sa voracité les abeilles qui viennent
des champs, parce qu'elles sont remplies de
miel ; elle saisit avec ses dents crochues l'extrémité de l'aile d'une abeille et la ronge à
l'instant ; celle-ci, fatiguée et privée du secours d'une aile, perd bientôt l'équilibre de
ses forces, elle fait de vains efforts, et devient
la proie d'un ennemi infiniment plus petit en
force et en moyens de défense.

L'apparition des fourmis dans les environs
et à l'entrée des ruches, est toujours un signe
de leur dépérissement : il faut, dans ce cas,
se hâter d'en reconnaître la cause pour y porter remède. On détruit les fourmis et les four-
milières, en y jetant de la cendre ou de la
chaux vive ; l'eau bouillante, dans laquelle on
ajoute quelques substances grasses ou huileu-
ses, qui bouchent les stigmates de ces insectes, les fait périr encore plus promptement.

FROID, *ses effets sur les abeilles*. Le froid est pour les abeilles le fléau le plus redoutable ; l'automne et l'hiver en font périr la plus grande partie. Telle ruche qui, pendant les beaux jours du printems ressemblait à une ville immense, animée par une population active et laborieuse, n'offre plus à la fin de l'hiver que l'image affligeante de ces contrées qui ont été ravagées par la peste ; alors, les abeilles qui ont succombé aux rigueurs des frimats, couvrent le support de la ruche, et le petit nombre qui a survécu, suffit à peine pour éloigner de l'habitation les cadevres de leurs compagnes victimes des rigueurs du froid.

L'hiver est donc une saison critique pour les abeilles : c'est dans cette saison qu'elles ont besoin de la protection du cultivateur ; il faut donc que ses soins commencent où il semble que ceux de la nature finissent. A cette époue, elles ont deux maux à redouter, le froid et la famine, et ce qui augmente les dangers de leur situation, c'est qu'elles ne peuvent guères échapper à l'un des deux, qu'en succombant à l'autre. Le froid les tue dans les hivers rigoureux, et dans les hivers doux c'est la famine.

Les abeilles sont des insectes très-sensibles au froid ; lorsqu'elles sont enfermées en petit

nombre, elles périssent infailliblement pendant les premières gelées ; mais lorsqu'elles
sont aglomérées par milliers dans une ruche,
les vapeurs chaudes qui s'exalent dans un
séjour habité par quinze à vingt mille individus, entretiennent, pendant les tems les
plus froids, une chaleur égale à celle des
beaux jours du printems ; mais lorsqu'elles ne
sont pas assez nombreuses, et que leur demeure
les expose aux influences d'un air glacé, elles
tombent dans un état d'engourdissement voisin
de la mort. Cette espèce de léthargie est
commune à la plupart des insectes. C'est alors
que toutes les fonctions animales sont presque
suspendues, et comme il ne se fait plus de
pertes, il n'est plus besoin de réparation ;
cet état de mort apparente n'est point nuisible
aux abeilles, il est même avantagenx pour
le propriétaire et favorable à l'économie des
provisions ; mais si l'hiver devient trop rigoureux, cet état d'engourdissement, trop
long-tems prolongé, peut devenir mortel.

Tels sont les effet du froid sur les abeilles
pendant la mauvaise saison ; pour les prévenir, il faut leur procurer des logemens convenables qui les garantissent de ses funestes
impressions. Le meilleur moyen est de faire
en sorte de ne posséder que des ruches bien

peuplées, dont la température intérieure les préservera de l'âpreté de l'hiver ; lorsque la population des ruches sera faible, il faut la réunir à une plus forte ; un essaim nombreux est garni de provisions, qui peuvent mieux pourvoir aux besoins de la peuplade pendant la disette des fleurs, et procurer à leur exis‑ tence une chaleur plus convenable.

Lorsque les hivers sont doux, les abeilles ont à redouter la famine ; la douceur de la température de l'air éveille alors le jeu des fonctions animales, et en reprenant les mou‑ vemens de la vie, elles en ressentent les besoins ; c'est dans ce cas qu'elles sont réduites à consommer les provisions qu'elles ont amassées; et souvent il arrive que leurs magasins sont épuisés avant le retour des fleurs ; c'est à cette époque qu'elles périssent par la famine ; c'est pourquoi il faut prévenir ces pertes trop fré‑ quentes en mettant au bas de la ruche affamée une assiette pleine de miel, sur laquelle on aura eu le soin d'étendre une feuille de papier percé de petits trous, afin que cette liqueur gluante ne colle pas leurs ailes.

Il n'est pas facile de connaître précisément le degré de froid qui maintient les abeilles dans un état d'engourdissement qui ménage leurs provisions sans compromettre leur con‑

servation ; cette difficulté sera facile à résoudre , si on considère que les ruches les mieux
peuplées sont toujours bien approvisionnées,
Le cultivateur doit , par conséquent , donner
aux logemens qu'il prépare à ses abeilles une
capacité susceptible de loger des essaims nombreux , et de se prêter à recevoir le fruit de
leurs travaux ; alors il aura moins à craindre
que le froid et la famine soient la perte de
son rucher.

Dans les loges que j'ai construites pour mes
abeilles, elles vivent pendant la mauvaise saison
dans une température égale et au milieu de
l'abondance , et si elles se trouvaient dans le
besoin d'être alimentées, la forme de leur logement procure des moyens plus faciles que
celle des ruches de l'ancien système.

F U M

FUMÉE , *ses effets sur les abeilles.* **Tous**
les animaux en général craignent de respirer
la fumée ; l'air saturé de la fumée qui s'élève
des corps en combustion est impropre à la
respiration ; les abeilles , comme la plupart
des insectes , dont le corps est parsemé d'organes pulmonaires , que nous avons appelé
trachée (*voir Physiologie de l'abeille*), doi-

vent être sensibles à ses effets ; aussi, elles
s'en éloignent promptement, dans la crainte
d'en être asphixiées. Il y a une espèce de
fumée qui engourdit les abeilles pendant une
demi-heure, c'est celle du *lycoperdon*, espèce de champignon vulgaire, connu sous le
nom de *vesse de loup*. La fumée produite par
la fleur de souffre, asphyxie à l'instant les
abeilles ; le cultivateur qui l'introduit dans
l'intérieur d'une ruche peuplée, les fait tomber
mortes par milliers dans peu de tems.

On se sert de la fumée d'une torche de
vieux linges pour faire des essaims artificiels,
pour transvaser les abeilles dans une autre
ruche, pour tailler les rayons de miel et pour
faire leur dépouille, et on s'en sert aussi pour
calmer la fureur des abeilles lorsqu'elles se
font la guerre entr'elles, ou qu'elles viennent
nous poursuivre.

GEN

GÉNÉRATION *des abeilles*. La génération
chez les animaux est le résultat du besoin de
se reproduire ; les organes générateurs du mâle
et de la femelle chargée de le satisfaire, transmettent ce besoin voluptueux à leur postérité.
C'est ainsi que les races ne meurent jamais ;

Il n'y a dans la nature que des morts indivi-
duelles ; la génération des abeilles est encore
enveloppée dans le même voile qui couvre la
génération de la plupart des animaux. Les
anciens nous ont transmis sur ce sujet intéressant des opinions plus ou moins ridicules :
Aristote pensait que les abeilles ne produisaient
ni œufs, ni vers ; il attribuait leur origine à
des causes tout à fait merveilleuses ; la fable
du berger Aristée, que Virgile a su si bien
faire servir d'ornement à son poème, n'a
jamais engagé aucun propriétaire à employer
les moyens de reproduction qu'il indique. Pline
avait adopté l'opinion que les abeilles sont
engendrées de fleurs que la nature dispose
d'une manière convenable à cette production,
et rejettait celle qui les faisait naître de l'union
du roi avec les ouvrières, parce qu'il ne pouvait concevoir que dans la même race d'insectes
les uns fussent parfaits, les autres imparfaits.
Une infinité d'autres naturalistes ont partagé
ces opinions plus ou moins invraisemblables,
sans prendre la peine d'en démontrer la vérité
ou la fausseté par leurs propres observations.
Enfin, il était réservé au siècle qui a vu
naître les Swamerdam, les Réaumar, les Schirach, les Hubert, de dissiper les ténèbres qui
couvraient le mystère de la génération de ces

insectes. Ces naturalistes, célèbres par leurs savantes dissections, par leur expérience lumineuse, ont éclairé notre jugement, trop long-tems incertain sur des objets si peu connus, mais si dignes de l'être ; en même tems, ces savants privilégiés nous ont appris que l'histoire naturelle des abeilles n'est qu'une suite de prodiges qui nous apprennent à douter.

La découverte de Schirach, membre de la Société économique de Klein-Bautzen, dans la Haute-Lusace, vient ajouter de nouveaux problèmes à résoudre. Cet observateur a prouvé qu'un ver d'abeille de trois jours, destiné à produire un neutre, pouvait remplir les fonctions de femelle. (*Voir Couvain*). Tous les naturalistes s'accordent à penser que les abeilles sont ovipares, et que c'est par la voie de l'accouplement que les œufs sont fécondés par la liqueur prolifique du mâle. (*Voir Accouplement, Fécondation, Fécondité*).

GOU

GOUVERNEMENT *des abeilles.* Ce que les auteurs nous ont dit sur le gouvernement de la société des abeilles, ressemble plutôt aux faits dont les romanciers ont coutume d'embellir leurs récits, qu'à ceux qu'on doit attendre

18

d'un historien qui doit dire la vérité telle que la nature la lui montre. Il est vrai de dire ici, qu'à la vue de cet air de grandeur, de régularité qui règne dans l'ordonnance des travaux et des ouvrages des abeilles, l'imagination, séduite par ces merveilles, peut quelquefois prendre pour des réalités ce qui n'est que probable aux yeux d'un observateur réfléchi; c'est alors que les motifs, les intentions, enfin les lois politiques qui régissent les sociétés humaines, ont été libéralement attribués aux sociétés animales; la plupart des historiens des abeilles y ont vu des modèles de toutes les formes de gouvernement adaptés à l'espèce humaine. Les plus enthousiastes ont considéré la société de ces insectes comme un gouvernement despotique; ils y ont vu un sultan femelle vivant au milieu d'un sérail nombreux, composé de mâles, et le reste de la population privée de sexe, condamnée à des travaux qui ne finissent qu'avec la vie. D'autres romanciers ont comparé cette société à ces peuplades barbares qui s'entretuent, dans la crainte d'éprouver les horreurs de la famine. (*Voir Massacre des faux bourdons*). D'autres historiens, enfin, moins exagérés dans leurs récits, regardent la société des abeilles comme le modèle d'une république, où les citoyens, partagés comme

Sparte en plusieurs classes, s'acquittent des fonctions des emplois que l'état leur confie. D'autres historiens des abeilles, plus observateurs, ont reconnu que leur gouvernement est monarchique; dans cet état, une seule femelle y dirige tout; elle est non seulement la reine du peuple, elle en est encore la mère; elle seule pourvoit, par sa fécondité prodigieuse, à la propagation des sujets de son royaume : c'est à cette double prérogative qu'elle doit l'amour, la soumission que ses nombreux sujets lui portent. Telles sont les idées répandues avec complaisance dans l'histoire des abeilles, et que la nature semble réfuter sans difficulté.

En effet, il n'est pas aisé de croire que des animaux se réunissent en corps de société pour sacrifier au plaisir d'un seul individu, celui de se reproduire : je ne vois pas non plus que le modèle d'une république, où tous les citoyens doivent contribuer à sa plus grande population, puisse être appliqué à une peuplade d'abeilles où l'on ne trouve qu'un petit nombre d'individus aptes à la propagation. La comparaison du gouvernement des abeilles à un gouvernement monarchique paraîtrait plus vraisemblable : il est vrai que dans celui-ci, le roi n'est pas chargé de pourvoir individuellement à la population de son royaume, comme chez les abeilles, mais

on pourrait dire qu'en faisant fleurir l'agriculture et le commerce, il procure à ses sujets
des moyens pour se multiplier et de fréquentes
occasions pour faire bénir son gouvernement.
C'est pourquoi, peu satisfait des idées que ces
opinions, sur la forme du gouvernement des
abeilles, présentent à l'esprit pénétré de l'a-
mour du vraisemblable, j'ai cru, d'après mes
observations, que la société de ces insectes est
un gouvernement patriarcal, semblable à celui
dont nos pères nous ont laissé de si beaux
exemples : dans ce gouvernement heureux, le
chef, qui est comme dans la réunion des abeilles, le père de la famille nombreuse, gouverne
en roi, préside en souverain aux travaux, aux
ouvrages qu'exige la prospérité de la tribu ;
c'est à ces titres, que ses enfans, ses sujets
lui marquent ce respect, cette soumission qui
en font la force ; c'est aussi dans le gouvernement patriarcal, comme dans les gouvernemens
monarchiques, qui sont l'image d'un gouvernement paternel, où la loi fondamentale de
l'état réside dans l'amour que les sujets ou les
enfans de la tribu portent envers les chefs
qui en sont les pères et les défenseurs respectifs.

J'ajouterai que le gouvernement des abeilles
peut se présenter sous un point de vue moins
moral, mais plus physique. Nul doute que lo

besoin de se conserver a déterminé ces insectes
à se rassembler en corps de société, pour se défendre contre leurs ennemis et se procurer une
température plus convenable à leur existence.
C'est pour s'assurer la jouissance d'un besoin
si puissant, que les abeilles se sont livrées à
des travaux et à des ouvrages qui répondissent
à cette fin. Il est à remarquer que les tems
les plus propices à l'exercice de ces travaux, à l'exécution de ces ouvrages, arrivent
précisément dans la saison qui est la plus propice à leur propagation : le besoin de se conserver, plus fréquent, plus énergique que celui
de se reproduire, les a portées à sacrifier celui-
ci en faveur du premier. Pour remplir ce but,
un petit nombre de cette famille a pourvu au
besoin de la propagation de l'espèce, afin que
le plus grand nombre pût se livrer sans réserve
aux travaux de la campagne, qui procurent à
la famille les plus grandes ressources de s'alimenter pendant la mauvaise saison.

GUE

GUÊPES. Ces insectes sont carnivores et
frugivores : ils font la guerre aux abeilles pour
s'emparer du miel qu'elles recèlent dans leur
estomac. Les guêpes vivent en corps de société,

18 *

distingué en trois ordres d'individus ; mais les
femelles sont plus nombreuses que dans la société des abeilles : à l'approche des premiers
froids , tous les individus qui composent cette
réunion périssent de mort naturelle ; il ne sur-
vit à cette mortalité que quelques femelles. A
l'époque du printems , une seule femelle perce
la terre , y pratique une cavité dans laquelle
elle construit un petit gâteau composé d'un
rang de cellules , dans lesquelles elle pond ses
œufs , qui donnent naissance à un certain nombre d'individus pour composer une colonie
nombreuse ; ces nouveaux citoyens ajoutent au
gâteau qui leur a servi de berceau d'autres ouvrages qu'ils dirigent sur un plan horizontal.
Les cellules de ces gâteaux sont fabriquées avec
du papier composé avec des petits brins que les
guêpes vont ramasser sur des arbres dont l'é-
corce est filamenteuse : ces petits fils , préparés
dans leur bouche , forment une espèce de pâte
propre à construire leurs ouvrages , moins
géométriques que ceux des abeilles , mais non
moins égaux et parfaits. Les mâles destinés à
féconder les femelles , sont chargés de pourvoir
à la subsistance des jeunes nourrissons. La
société des guêpes ressemble beaucoup à celle
des abeilles ; leurs mœurs , leurs travaux offrent peu de différence ; leurs amours sont

pourtant moins mystérieuses ; on les voit s'accoupler , comme la plupart des mouches ; à
la fin de l'automne , il n'y a que quelques femelles qui échappent à la mortalité générale :
celles-ci demeurent engourdies pendant l'hiver;
au retour de la belle saison , chacune d'elles
peut devenir la fondatrice d'une nouvelle colonie ; les œufs qu'elle pond à cette époque sont
prolifiques , parce qu'elle a été fécondée par un
mâle à la fin de l'été. Ces analogies de la société
des guêpes avec celles des abeilles , me confirment dans l'opinion que les abeilles mâles
meurent naturellement aux approches de l'automne , ainsi qu'un grand nombre d'insectes
ailés , tels que les bourdons , qui vivent également en corps de société composé de trois ordres d'individus , dont les mâles meurent naturellement aux approches de l'hiver , à l'exception de quelques femelles , chargées de la
propagation de l'espèce. (*Voir Massacre des
faux bourdons*).

HEX.

HEXAGONE. Cette figure , dans les alvéoles des ouvrages des abeilles , qui a fourni
des sujets de méditations à plusieurs géomètres,
cette forme si recherchée , si parfaite , n'a été

considérée, de la part de M. De Buffon, que comme l'effet du mécanisme. Voici comment ce célèbre naturaliste s'exprime dans son discours sur la nature des animaux, en parlant de l'industrie et des ouvrages des abeilles : « Qu'on » mette ensemble, dans le même lieu, dit-il, » 10,000 automates animés d'une force vive » et tous déterminés par la ressemblance par- » faite de leur forme extérieure et intérieure, » et par la conformité de leurs mouvemens à » faire chacun la même chose dans le même » lieu, il en résultera nécessairement un ou- » vrage régulier ; les rapports d'égalité, de » similitude, de situation, s'y trouveront, » puisqu'ils dépendent de ceux des mouvemens » que nous supposons égaux et uniformes ; les » rapports de justa-position, d'étendue, de » figure s'y trouveront aussi, puisque nous » supposons l'espace donné et circonscrit ; et » si nous accordons à ces automates le plus pe- » tit degré de sentiment, celui seulement qui » est nécessaire pour sentir son existence tendre » à sa propre conservation, éviter les choses » nuisibles, appéter les choses convenables, » etc., l'ouvrage sera non seulement régulier, » proportionné, situé, semblable, égal, mais » il aura encore l'air de la symétrie, de la so- » lidité, de la commodité, etc., au plus haut

» point de perfection, parce qu'en le formant,
» chacun de ces dix mille individus a cherché
» à s'arranger de la manière la plus commode
» pour lui , et qu'il a en même tems été forcé
» d'agir et de se placer de la manière la moins
» incommode aux autres. *Ces cellules d'abeil-*
» *les , ces hexagones tant vantés , tant admirés*
» me fournissent une preuve de plus contre
» l'enthousiasme et l'admiration. Cette figure
» toute géométrique , toute régulière qu'elle
» nous paraît , et qu'elle est en effet dans la
» spéculation, n'est ici qu'un résultat méca-
» nique et assez imparfait qui se trouve sou-
» vent dans la nature, et qu'on remarque même
» dans ses productions les plus brutes. Les
» cristaux et plusieurs autres pierres, quelques
» sels , etc. , prennent constamment cette fi-
» gure dans leur formation : qu'on observe les
» petites écailles de la peau d'une roussette ,
» on verra qu'elles sont hexagones , parce que
» chaque écaille , croissant en même tems , se
» fait obstacle et tend à occuper le plus de
» place possible dans une espace donné ; on
» voit ces mêmes hexagones dans le second es-
» tomac des animaux ruminans; on les trouve
» dans les graines , dans leurs capsules , dans
» certaines fleurs , etc. ; qu'on remplisse un
» vaisseau de pois ; ou plutôt de quelques grai-

» nes cylindriques , et qu'on le ferme exacte-
» ment après y avoir versé autant d'eau que
» les intervalles qui restent entre ces graines
» peuvent en recevoir; qu'on fasse bouillir cette
» eau , tous ces cylindres viendront des colon-
» nes à six pans ; on en voit clairement la
» raison , qui est purement mécanique ; cha-
» que grain , dont la figure est cylindaique ,
» tend, par son renflement, à occuper le plus
» d'espace possible ; dans un espace donné ,
» elles deviendront donc toutes nécessairement
» hexagones par la compression réciproque.
» Chaque abeille cherche à occuper de même
» le plus d'espace possible dans un espace don-
» né ; il est donc nécessaire aussi , puisque le
» corps de l'abeille est cylindrique , que leurs
» cellules soient hexagones par la même raison
» des obstacles réciproques. »

Cette explication ingénieuse , rendue sous
les formes d'un style qui n'appartient qu'à un
écrivain tel que M. De Buffon , j'oserai dire
qu'elle n'est pas suffisante pour persuader que
la comparaison dont il l'appuye puisse être applicable aux causes qui ont produit la figure
hexagone des alvéoles de l'abeille. Dans la
comparaison , la cause efficiente agit constamment par l'effet de la compression lente et réciproque , au lieu que le mouvement continuel du

corps de l'abeille ne saurait produire un effet
semblable, parce qu'il n'y a point de compression lente et réciproque ; d'ailleurs on peut suivre à l'œil nud, le travail progressif qu'exige
la confection de ces alvéoles à six pans ; on peut
remarquer aussi les instrumens dont ces insectes
se servent pour jeter les fondemens de ses ouvrages ; le besoin d'occuper le moins de place
possible, celui d'économiser les matériaux dans
leur construction, leur a fait choisir ou trouver la forme, la figure qui pouvait le mieux
remplir ces deux conditions. Avouons pourtant
que les bêtes pensent ou ne pensent pas ; il est
certain qu'elles se conduisent, en mille occasions, comme si elles pensaient.

HOM

HOMME (L'), *considéré comme ennemi des*
abeilles. Il est vrai de dire que l'homme n'est
pas assez reconnaissant envers ces insectes ; il
les néglige trop, et ils périssent trop souvent
faute de quelques secours alimentaires ; il ne
visite pas assez fréquemment leurs habitations
pour connaître la cause de leur dépérissement ;
il ne prend aucune mesure pour les loger aussi
commodément qu'il est possible ; enfin, pour
mettre le comble à son ingratitude, il les fait

périr quelquefois pour s'approprier plus aisément leur récolte. Cette conduite odieuse de
la part de l'homme envers les abeilles, a, dans
tous les tems, excité mon indignation ; elle a
en même tems excité mon zèle pour prouver à
ces insectes précieux la reconnaissance que je
leur dois. Si mes efforts pour leur être utile
sont appréciés, je serai assez récompensé de
tout ce que j'ai désiré faire pour leur conservation et leur prospérité, (*Voir Loge-abeilles*).

HUM

HUMIDITÉ. Ses effets sont très-nuisibles
aux abeilles et à leurs ouvrages : les eaux provenant des pluies et de le fonte des neiges, en
pénétrant les matériaux dont les ruches sont
composées, s'y introduisent quelquefois, et en
tombant sur le couvain, déterminent sa corruption, ce qui dégoûte les abeilles de leur
logement et les oblige à en chercher d'autres
plus sains et plus commodes ; les eaux qui tombent sur les gâteaux procurent des moisissures
qui obligent les abeilles à les retrancher, en
rongeant ce qui est gâté ; cette précaution de
la part des abeilles exige des travaux pénibles
et l'emploi d'un tems qui est perdu pour la prospérité du ménage ; pour remédier aux désavan-

tages attachés à l'usage des ruches exposées aux
intempéries des saisons. (*Voir Apié champêtre,
Apié domestique*).

HYD.

HYDROMELS. Le miel et l'eau forment
les boissons que l'on nomme *Hydromels*. On
les distingue en simples, vineux et composés :
les hydromels simples se font avec du miel et
de l'eau qui ne fermentent point ; les vineux,
avec du miel et de l'eau que l'on fait fermenter ; les composés, sont ceux auxquels on
ajoute des mélanges de fruits, d'essences, etc.,
pour leur donner différens goûts.

A Paris, on boit de ces hydromels composés
que l'on fait passer pour des vins de liqueurs
étrangers ; heureusement que leur usage n'en
est pas mal-sain.

*Hydromel simple, comme remède contre le
rhume.* Faites tiédir trois parties d'eau dans
lesquelles vous ferez dissoudre une partie de
bon miel ; on peut augmenter ou diminuer le
miel, suivant la nécessité ou le goût des personnes qui veulent en user. Cet hydromel, ou
espèce de tisane, est pectoral, détersif, légèrement laxatif ; il est bon dans la toux pour
faire évacuer doucement l'humeur qui la pro-

voque ; la dose est d'une bouteille ou deux par jour.

Hydromel composé , non vineux, Pendant la chaleur , on peut faire des hydromels que l'on rend agréables par des mélanges : faites dissoudre , par exemple , une partie de sirop de miel dans trois d'eau ; ajoutez-y , dans la proportion que vous voudrez , des sucs de groseilles ou de fraises , ou de framboises , ou d'oranges , etc, ; cette boisson, un peu battue pour bien opérer le mélange , mise dans un lieu frais , est agréable et saine.

Hydromel vineux. C'est le breuvage des peuples du Nord ; ils le nomment *miod* : les Russes , par exemple, font leur hydromel avec du miel , des cerises , des fraises , des frambroises et des mûres ; ils commencent par faire tremper ensemble ces fruits pendant deux ou trois jours dans de l'eau pure ; ils y ajoutent du miel vierge avec un morceau de pain trempé dans de la lie de bière , et mettent les tonneaux dans une étuve où l'on entretient jour et nuit , une chaleur de 18 à 25 degrés ; la fermentation s'établit au bout de six à huit jours ; elle dure environ six semaines , et cesse d'elle-même : les gens du peuple du même pays font de l'ydromel avec du miel qui n'est pas séparé de la cire , et avec des rayons qui contiennent du couvain ; ils battent ces rayons dans de l'eau tiède , laissent reposer la liqueur , la passent dans un sac , la font bouillir et la boivent.

On fait de l'hydromel très-bon , en mettant 30 livres de bon miel dans 90 livres d'eau commune ; on fait bouillir ce mélange dans un grand chaudron ; et quand la liqueur a été réduite à environ la moitié , et qu'elle a eu assez de consistance pour qu'un œuf frais dans sa coquille surnageât , la boisson a été suffisamment cuite ; on met les deux tiers dans un baril neuf et bien rincé avec un gobelet d'eau-de-vie , et l'autre tiers dans des bouteilles qu'on bouche avec un linge clair. Si dans cet état , on goûte la boisson , elle n'a qu'un goût fade , et pour qu'elle devienne vineuse ; il faut qu'elle fermente , ce qui donne alors toutes les fumées de vin et dont on peut tirer de l'eau-de-vie , etc. , etc.

Afin de détruire plus promptement le goût miéleux de cette boisson ; on peut y mettre de la craie , du charbon , des blancs d'œufs , et la passer à travers une étamine , ou un linge.

Pour exciter la fermentation , il faut que la liqueur soit exposée à la chaleur. On se sert de deux moyens pour obtenir la fermentation : l'un consiste à mettre la liqueur dans une étuve , ou au coin d'une cheminée , dans la-

quelle il y a habituellement du feu, ou derrière un four continuellement chaud ; on y
joint le contenu des bouteilles ; sept ou huit
jours après , la liqueur jette une écume épaisse
et sale , qui laisse un vuide qu'on remplace avec
la liqueur des bouteilles qui jettent également;
la fermentation dure environ deux mois et cesse
d'elle-même.

L'autre moyen , c'est en exposant la liqueur
au soleil : mais dans ce cas , il faut la faire au
mois de juin et la laisser exposée jusqu'à ce
que la fermentation cesse , ce qui arrivera au
bout de trois à quatre mois ; en mettant le
baril à l'exposition la plus chaude , il faut l'é-
lever un peu au-dessus de la terre et avoir quelque attention relativement aux abeilles et aux
insectes attirés par l'odeur ; dans la chaleur
du jour la liqueur se gonfle , l'écume s'élève
par la bonde , et s'écoule des deux côtés ; mais
lorsque le soleil est couvert , la liqueur diminue
de volume , et le baril cesse d'avoir l'air d'être
plein ; dans le premier cas , les abeilles léche-
ront , sans danger pour elles , ce qui s'écoulera
du baril ; mais dans le second cas, il faut mettre sur la bonde une planchette semée de petits
trous , sans quoi beaucoup d'abeilles se noye-
raient. On découvrira la bonde chaque fois que
la liqueur sera prête à jeter , et lorsque le ba-

ril ne sera plus assez plein pour jeter l'écume, on y versera suffisamment de la liqueur des bouteilles.

La fermentation ayant cessé, on met le baril dans la cave, avec l'attention de le tenir plein ; après deux à trois ans, on met l'hydromel en bouteilles, que l'on bouche bien ; on les laisse debout pendant un mois, afin de voir si les bouchons ne sautent pas ; on les couche ensuite comme on couche la bière. On peut servir cet hydromel comme vin de liqueur ; son goût approche de celui d'Espagne ou de Malvoisie ; cette liqueur est cordiale, dissipe les vents, aide à la respiration, résiste au venin ; il faut en boire avec modération, parce qu'elle enivre comme le vin, et que l'ivresse en est plus longue.

Hydromels vineux composés. On varie les goûts des hydromels par différens mélanges ; ils se font comme il a été dit précédemment : mais quand l'hydromel approche de sa cuisson, on y met du quart au sixième, soit de bon vin vieux, soit du jus de fraise ou de framboise, ou d'orange, etc ; on purifie le tout, et lorsque l'œuf nage à sa surface, on le retire, etc.

Pendant que l'hydromel est en fermentation, on y ajoute, si on veut, un nouet de fleur

de sureau , ou les aromates indiqués par Olivier de Serres, tels que gingembre ou gi-
rofle etc.

IND

INDIGESTION. Quelquefois l'abeille prend
trop d'aliment , ce qui arrive lorsqu'après la
disette des vivres succède l'abondance , comme
à l'époque des premières floraisons. Les efforts
que fait l'estomac de l'insecte pour digérer
deviennent impuissans ; la présence des alimens l'irrite et provoquent le vomissement ;
ou bien , ces matières n'ayant pas été suffisamment éllaborées pour être converties en sucs
nutritifs , fluent en dehors par l'anus , comme
cela arrive dans la dyssenterie et le dévoiement ;
dans ce cas , on donne aux abeilles un sirop
fortifiant , composé d'une partie de miel et
de deux tiers de vin vieux , qu'on leur présente tiède sur une assiette , dans laquelle on
ajoute une large croûte de pain grillée et
imbibée de la liqueur , afin que les abeilles
ne s'engluent pas les ailes.

IRE

IRRÉGULARITÉ *dans les ouvrages des*

abeilles. Il faut observer qu'il n'est pas extraordinaire de voir dans les ouvrages des abeilles des anomalies très-remarquables. L'emplacement, la direction, les dimensions des rayons sont ordinairement relatifs à la différence des localités que présentent leurs habitations : je trouve le plus souvent dans mes loge-abeilles un rayon de miel qui occupe toute l'étendue de leurs parois postérieures. Ce rayon, qui est le grenier d'abondance, pèse ordinairement de 15 à 25 livres.

La forme des cellules, ordinairement si régulière, si géométrique, présente des irrégularités néammoins frappantes ; elles sont quelfois ellyptiques ; ou à peu près circulaires ; leurs fonds ne sont pas toujours pyramidaux ; au lieu de présenter un tabe droit et horizontal, ces cellules sont inclinées en divers sens ; c'est dans les tems de la dépouille où l'on peut observer ces particularités dans la forme et la direction des alvéoles.

LAN

LANGUEUR. L'excès du chaud n'est pas si nuisible aux abeilles que celui du froid ; néammoins, les chaleurs caniculaires auxquelles les ruches en plein champ sont exposées,

obligent quelquefois les abeilles à suspendre
leurs travaux ; dans cet état de langueur, les
fluides de l'organisme de l'insecte se raréfient,
la fibre perd son ressort, le jeu des fonctions
animales languit, tous les systèmes de l'économie se relâchent, les fluides trop raréfiés
transudent à travers leurs enveloppes, les fonctions réparatrices ne suppléent qu'imparfaite-
ment aux pertes excessives ; dans cet état de
débilité générale, l'insecte perd son activité
et l'habitude du travail ; la colonie s'affaiblit
progressivement; les fausses teignes savent mettre à profit cet état de dépérissement de la
ruche : elles s'insinuent dans son intérieur pour
y exercer leurs ravages avec impunité.

Les abeilles qui habitent des ruches exposées
aux ardeurs du soleil d'été, sont sujettes à ces
accidents fâcheux ; il faut qu'elles soient dans
des positions favorables, et hors des atteintes funestes du froid et du chaud. (*Voir loge-abeille,
Apié*).

LÉZ

LÉZARD. Ce reptile est un ennemi des
abeilles. Sa peau dure et écailleuse le rend
invulnérable contre les aiguillons des abeilles :
lorsqu'il est pressé par la faim, et qu'il peut

s'introduire dans l'intérieur des ruches, il se gorge de miel, dérange le plan des rayons, et y cause de grands dégâts. ; il faut avoir un soin particulier d'éloigner des ruchers ces animaux malfaisans, et ne pas leur faire grace quand on en trouve dans les environs du domicile des abeilles.

LOG

LOGE-ABEILLES. C'est le nom que j'ai donné aux logemens que j'ai fait construire dans l'intérieur de mes apiés, pour loger commodément les abeilles. Avant d'entrer dans les détails concernant leurs dimensions, leurs usages et la manière de les peupler, il est essentiel de se rappeler ce qui a été dit dans l'article *Apié*, où j'ai fait connaître les moyens de construction. (*Voyez cet article*).

Les dimensions des *loge-abeilles* doivent varier suivant les lieux où les apiés sont situés, et suivant le but qu'on se propose ; cinq à six loges suffisent pour avoir l'agrément de cultiver ces insectes ; à raison des localités, les loges seront plus ou moins spacieuses, c'est-à-dire proportionnées à l'abondance plus ou moins grande des miels et des cires répandus sur la végétation qui entoure le domicile des abeilles ; ainsi , dans les lieux qui leur sont favorables , on peut leur donner de 20 à 25 pouces de hauteur , sur 10 à 12 de largeur ; dans les contrées qui offrent peu de ressources à ces insectes , on réduira leur étendue en leur donnant 12 à 15 pouces de hauteur , sur 6 à 7 de largeur ; mais comme la prospérité des abeilles dépend absolument , comme nous l'avons souvent remarqué , de l'état plus ou moins favorable de la saison , il n'est pas facile de fixer précisément la capacité des loge-abeilles. Dans les années qui sont propices à ces insectes , leurs logemens ne sauraient être trop spacieux , et dans les années contraires , ils sont trop larges ; pour obvier aux inconvéniens qu'on ne peut prévoir , puisqu'ils naissent de l'incertitude des saisons , il est utile d'avoir dans son apié des loges construites sur différens plans ; il faut donc en avoir de grandes , de moyennes et de petites ; dans les grandes , on y logera les premiers essaims , qui sont ordinairement les plus forts , et qui ont plus de tems pour profiter des premières floraisons. Ces loges fourniront des tailles et des dépouilles abondantes et des essaims vigoureux , mais en petit nombre ; les grandes loges n'essaiment ordinairement que dans les années les plus propices

à la sortie des essaims. Dans les petites loges, on y placera les essaims faibles et tardifs ;
ceux-ci réussiront dans les années favorables ;
leurs tailles, ou leurs dépouilles sont moins
profitables ; mais les essaims qu'elles jettent
sont plus nombreux ; de sorte que si on se propose d'avoir des essaims pour voir bientôt son
apié peuplé, il faut placer les premiers essaims
dans les petites loges qui en fournissent
beaucoup.

Pour peupler un *loge-abeilles*, il y a plusieurs moyens : si on a un essaim suspendu en
grappe à un petit rameau, il faut le placer
avec précaution dans la loge qu'on a préparé
à cet effet, et le fermer de suite (*Voir Apié*) ;
si l'essaim a été ramassé dans une ruche ordinaire, il faut le faire tomber sur le plancher
de la loge, en frappant un peu vivement sur
un des côtés de la ruche qui le contient ; si,
avant cette opération, on voit que cette ruche
est d'une dimension qui puisse être reçue
dans la loge, on la place couvenablement, et
on ferme la parois postérieure de la loge.
Les ruches en planches, de forme carrée,
s'adaptent mieux à celles des loges qui ont
les mêmes dimensions ; pour cela, il est nécessaire d'avoir à sa disposition, pendant le
tems des essaims, plusieurs ruches en planches

de forme carrée, pour les y recevoir : elles
sont plus commodes pour les usages que je
viens d'indiquer ; leurs dimensions peuvent
être plus petites que celles des différentes
loges, et pour leur confection (*Voir ruche
en planche*), il est essentiel de pratiquer, vers
le milieu du bas de la parois postérieure de
chaque loge, une ouverture ronde d'un pouce
et demi de diamètre, qu'on ferme avec un
bouchon en liège ou en bois. Cette ouverture est d'une grande utilité ; en l'ouvrant,
on voit si le logement est sain, si les teignes
n'exercent point leurs ravages, ce qu'on connaît aux brins de cire tombés sur le plancher
de la loge ; si les abeilles ne sont point atteintes de quelques maladies ; si elles ont comblé
de provisions leur habitation, ce qui détermine
à en faire la récolte ; cette ouverture sert
alors à y introduire la fumée qu'on juge nécessaire pour la faire sans leur nuire. Elle
sert aussi pour y introduire des alimens pendant
la mauvaise saison (*Voir l'article Aliment*) ;
pendant les grandes chaleurs, en mettant
devant cette ouverture une petite plaque de
fer blanc criblée de petits trous. Le petit
courant d'air qui s'établit entre l'ouverture extérieure et intérieure, rend le séjour de la loge
plus agréable ; enfin, dans beaucoup de cir-

constances cette ouverture est très-utile dans la culture de ces insectes, d'après ce nouveau système.

LOI

LOIS *sur les abeilles.* Une loi du 28 septembre 1791, concernant les biens ruraux, art. 2 de la 3me section, dit : que les ruches d'abeilles ne peuvent être saisies ni vendues pour contribution publique, ni pour aucune dette, si ce n'est par celui qui les a vendues ou concédées à titre de cheptel ou autrement.

Les ruches d'abeilles sont-elles meubles ou immeubles ? Il n'y a plus de doute à cet égard; l'art. 524 du code civil décide que les ruches à miel font partie de l'immeuble sur lequel elles sont placées, à moins d'une exception positive ; de manière que celui qui vend un immeuble sur lequel il y a des *ruches à miel*, ne peut les retirer, à moins d'une exception dans le contrat de vente.

Il y avait autrefois dans certaines provinces du Royaume des ordonnances qui exigeaient que la distance d'un rucher à un autre fût de cinq cents pas.

La loi du 28 septembre 1791 assure au propriétaire d'abeilles des droits sur les essaims

qui sortent de son rucher; l'espèce de charivari que l'on fait dans les campagnes, au
moment du départ d'un essaim, n'est bon que
dans le cas où un essaim s'éloigne, afin
d'avertir que le propriétaire est à sa suite
et qu'il entend en conserver la propriété. Si
un essaim se fixe sur la propriété du voisin,
le cultivateur qui l'a suivi a le droit de le
prendre, en payant le dégât que sa fuite ou sa
prise peuvent avoir occasionné.

Les essaims qui ne sont pas suivis et qui
sont éloignés d'un rucher, appartiennent au
premier venu.

Avant la révolution, le roi percevait un
droit sur les ruches à miel dans certaines provinces; ce droit s'appelait *aurillage*. L'hôtel
à Paris qui logeait les administrateurs de ce
droit s'appelait *l'hôtel des mouches*.

MAL

MALADIES *des abeilles.*

> Comme nous, cependant, ces faibles animaux
> Éprouvent la douleur et connaissent les maux.
> DELILLE, *trad. des Georg. de Virgile.*

Les connaissances que nous avons sur les
genres de maladies des abeilles et sur leurs
guérisons sont à peu près les mêmes que celles

qui avaient été observées par les anciens ;
les modernes n'ont rien ajouté à la série de
leurs maux, dont Virgile distingue les espèces
en indiquant les moyens curatifs qui leur
conviennent.

L'excès du froid cause la paresse et quelquefois l'engourdissement mortel ; l'excès de
de chaleur produit la langueur et la débilité ;
trop de nourriture, l'indigestion et le dévoiement, l'humidité arrêtent la transpiration insensible et donnent lieu aux maladies fluxionnaires ;
les émanations méphytiques vicient les qualités
vitalisantes de l'air, altèrent le jeu des fonctions animales ; des alimens mal-sains portent
le trouble dans les voies digestives et produisent quelquefois des maladies nerveuses. (*Voir*
Engourdissement, *Langueur*, *Indigestion*,
Dévoiement, *Fluxions*, *Dyssenterie*, *Vertige*,
Maladie des antennes).

MAN

MANIPULATION *du miel.* Lorsqu'on fait
la récolte des ruches, soit qu'on la fasse en
la taillant, ou en la dépouillant entièrement,
il faut porter une attention particulière au
choix qu'on fera des gâteaux. Les rayons qui
servent de greniers d'abondance sont ordinai-

rement placés au haut ou dans le fond de la ruche. Les cellules qui renferment le miel de provision, sont fermées par un couvercle en cire qui les conserve dans son état naturel; c'est pourquoi ces rayons blancs doivent être séparés de ceux qui contiennent du polen et du couvain, placé ordinairement au centre de la ruche. (*Voir Organisation intérieure d'une ruche peuplée*).

Les qualités estimées dont jouit le miel recolté aux environs de Narbonne, sont dues principalement à l'attention que les cultivateurs portent au triage des rayons; ainsi, les rayons du miel qu'on aura choisi doivent être placés sur une toile de canevas ou de crin, suspendue par ses bords à une hauteur qui permette d'y placer dessous des vases de terre cuite vernisés, pour recevoir le miel qui en découlera. Ce miel coulant sans pression, est ce qu'on appele le *miel vierge* ; il est le plus pur et doit être mis à part à cause de ses qualités supérieures; le restant de la dépouille, provenant des rayons du centre et du bas de la ruche sera écrasé pêle-mêle avec la main et déposé ensuite dans la toile qui renferme la grappe des rayons choisis. Si la chaleur atmosphérique n'est pas suffisante pour faciliter l'écoulement du miel à travers la

toile, on aura recours à celle des rayons du
soleil ou d'un poële ; ce miel est d'une qualité inférieure ; enfin, lorsqu'il n'y a plus
rien à attendre du mélange de ces gâteaux,
on en forme une pâte pour être enveloppée
dans un gros linge en forme de cabas, qu'on
met ensuite sous un pressoir pour en exprimer le dernier miel, qui est la qualité la plus
inférieure. Les grappes provenant des dernières
pressions sont déposées dans un vase en cuivre,
pour être soummises à l'action du feu, pour
opérer la fonte de la cire de la manière que
nous indiquerons.

Telle est la manière d'extraire le miel et
le matériel de la cire, provenant de la dépouille de quelques ruches ; mais si on est
dans le cas d'opérer en grand, il faut employer
des moyens proportionnés. Le lieu destiné à
la manipulation d'une grande quantité de miel
et de cire doit être spacieux, placé à la partie
de l'habitation la plus chaude et exposé aux
influences des rayons du soleil ; ce laboratoire
doit renfermer un réservoir assez grand pour
recevoir la dépouille d'un grand nombre de
ruches ; ce réservoir, construit en bois ou en
maçonnerie, doit avoir un fond incliné, pour
favoriser l'écoulement des miels vierges, et
disposé de manière à être reçu dans des vases,

ou des barils destinés à cet usage ; ce laboratoire doit aussi avoir un fourneau commode,
pour échauffer le vase en cuivre qui sert à
la fonte des cires ; il doit également avoir un
pressoir pour extraire les miels de qualités
inférieures. Ce local sera éclairé par des ouvertures vitrées, pour se garantir des importunités des abeilles et être chauffé par un poêle,
dans les journées qui ne favorisent point l'écoulement du miel vierge et autres qualités.

MANIPULATION *de la cire*. La pâte provenant de la dépouille des ruches, après avoir
été suffisamment exprimée de tout le miel
qu'elle pouvait contenir, avant d'être mise à
la fonte, doit être purgée de tout le miel que
la pression n'a pu faire sortir ; pour cela,
on brise cette pâte, que l'on met à tremper
pendant quelques jours dans de l'eau claire,
avec le soin de la remuer de tems en tems pour
la démiéler.

Il y a des ciriers qui prétendent que la cire
mise dans l'eau reste toujours plus grasse que
c'elle qu'on démielle sans la mouiller ; pour
cela, ils demandent que les pâtes servant à
la fonte de la cire soient étendues sur des
draps près du rucher, afin que les abeilles,
qui se rassembleront bientôt sur cette pâte,
la démiellent, sans que, par cette opération,

il y ait la moindre diminution; on la fait fondre ensuite et passer sous la presse.

Pour fondre la cire, on met dans un chaudron assez d'eau pour le remplir au tiers ; lorsqu'elle est prête à bouillir, on y met peu à peu autant de pâte de cire qu'il en faut pour remplir le chaudron aux deux tiers, en entretenant dessous un feu modéré; on remue continuellement la cire en fusion avec un bâton, formant une espèce de spatule, afin que la cire ne s'attache pas aux bords du chaudron, où elle pourrait brûler ; lorsque toute la pâte paraît fondue, on diminue un peu le feu, afin de ne pas la faire beaucoup bouillir, parce qu'elle deviendrait sèche, cassante et brune, qualités qui nuisent à son blanchissement ; lorqu'en bouillant elle présente des fentes jaunes, on la porte au pressoir, on verse dans le sac de toile forte que l'on met sous la presse, pour séparer la cire eu fusion d'avec le marc.

Si on n'a qu'une petite quantité de cire à couler, à défaut de pressoir on peut se servir de deux planches un peu épaisses, de quatre pieds de longueur, assujeties entr'elles par une corde à une de leurs extrêmités ; on engage entre ces deux planches et vers leurs extrêmités qui sont fixées le sac contenant la

cire en fusion, et en rapprochant fortement
l'extrêmité opposée de ces deux planches,
on exerce une forte pression sur le sac, qu'on
a soin de presser dans plusieurs sens, pour
en extraire tout le fluide qu'il peut contenir;
la cire qui en découle doit être reçue dans de
l'eau bien chaude, afin que les crasses se
précipitent dans le fond, et alors les pains de
cire auront *moins de pied*, c'est-à-dire moins
de crasse.

MANIÈRE *de couler la cire en pain.* On
estime davantage la cire en gros pains que
celle des petits, qui est ordinairement trop
cuite. Il faut que les moindres soient de 12
à 16 livres, et les plus gros de 16 à 24 livres;
lorsqu'on a suffisamment de cire pour faire des
pains de ce poids, on les divise également
pour chaque chaudronée; on la romp en plusieurs morceaux, afin qu'elle puisse aisément
se fondre, et que n'ayant pas besoin d'un
grand feu, elle soit moins exposée à roussir;
pour la fondre, on met dans le chaudron un
quart d'eau et trois quarts de cire, sur un
petit feu; on remue souvent, on l'écume,
on la moule aussitôt qu'elle est fondue; si on
la laissait trop long-tems exposée à l'action du
feu, au lieu d'être onctueve, elle deviendrait
sèche et cassante, ce qui est regardé comme

en grand défaut dans les bonnes fabriques. L'écume se met dans une terrine, contenant un peu d'eau froide ; pour mouler les pains, il faut se servir de sceaux, y mettre de l'eau bouillante et y verser la cire au sortir du feu ; il faut maintenir le plus long-tems possible la cire en état de fusion, afin que l'eau mêlée avec la cire tombe au fond par son poids, et entraîne les crasses qui se rassemblent sous le pain et qu'on appelle *le pied de la cire* ; pour cela, il faut que les sceaux soient posés sur une planche et non sur le pavé et qu'ils soient couverts et enveloppés d'une couverture de laine : au bout de vingt-quatre heures, on retire les pains qui se détachent d'eux-mêmes ; on enlève aussitôt le pied, qu'on réunit aux écumes pour en faire un pain qui sert aux frotteurs.

Eaux de miel, leur utilité. Les eaux de miel sont celles dans lesquelles, en manipulant le miel, on a désenglué ses mains, lavé les ustensiles dont on s'est servi, et dans lesquelles on a mis à tremper les rayons avant de les mettre en fusion ; ce sont encore celles dans lesquelles on a fait fondre la cire, sans avoir préalablement fait baigner les rayons, et dans lesquels il y avait du couvain : ces eaux sont ordinairement fort sales, on n'en peut tirer que de l'eau-de-vie et de l'esprit de vin.

Lorsqu'on veut faire de l'eau-de-vie, on verse
ces eaux dans un tonneau défoncé d'un côté,
exposé au soleil et couvert avec une toile, afin
que les abeilles et autres insectes ne viennent
pas s'y noyer : au bout de quelques jours, la
fermentation s'établit, ce qu'on connaît aux
bulles d'air qui montent à la surface, et quand
elle a une odeur vineuse, on procède à la distillation : mais comme pour cela il faut un appareil distillatoire et des connaissances pratiques qui ne sont pas à la portée de tout le
monde, on pourrait s'entendre pour réunir les
eaux de miel de plusieurs cultivateurs et faire
de l'eau-de-vie en commun, sauf une indem-
nité en nature au distillateur.

*Influence du miel sur la cire et moyen de la
connaître.* Quoique les rayons de cire de nos
ruches soient blancs au moment où les abeilles
viennent de les construire, nous n'en retirons
que de la cire jaune ; par la difficulté que l'on
a de ramener à un beau blanc celles de beaucoup
de contrées ; on est persuadé que c'est le miel
contenu dans ces rayons, qui est la cause que
l'art ne peut leur rendre leur première blancheur. Comme les contrées qui donnent des
cires qui blanchissent bien, sont de peu d'é-
tandue à raison des besoins des bonnes fabriques, elles sont obligées d'en tirer de l'étranger
pour plusieurs millions.

Dans beaucoup de fabriques, on marque ce défaut par une addition plus ou moins considérable de graisse blanche de chèvre et de mouton, de plus, on blanchit parfaitement les bougies en les couvrant d'une couche superficielle de cire d'un beau blanc ; mais en les maniant, on sent qu'elles sont grasses ; la lumière en est moins brillante, elles durent moins de tems, tâchent les étoffes, coulent par la chaleur et charbonnent. La preuve que les miels contiennent une matière colorante, plus ou moins tenace, se tire de la comparaison des miels ; les miels blancs laissent leur partie colorante dans la cire, qui, par cette raison, n'atteint qu'un blanc sale ; les miels très-jaunes et roux, emportent avec eux leurs parties colorantes et donnent des belles cires. (*Voir Usage de la cire*).

Il y a une erreur généralement répandue, qui est celle de croire que la rosée contribue et qu'elle est même nécessaire, avec l'action du soleil, pour blanchir la cire ; plusieurs fabricans croient au contraire que la cire n'est blanchie que par l'influence du soleil.

Duhamel, dans l'*Art du Cirier*, dit que la rosée contribue à blanchir la cire ; puis il ajoute que c'est une question de savoir si la rosée contribue à opérer cette blancheur. En effet, dit-il, si on met la cire sur les toiles en mars ou en avril, elle s'y blanchit; mais au bout de quatre mois, elle redevient jaune, ce qui n'arrive pas aux cires que l'on a mises sur les toiles dans les mois où il y a peu de rosée et où le soleil a beaucoup d'action.

Pour connaître le degré de blancheur que la cire peut atteindre, il faut une table dont la surface soit divisée en cases numérotées; on met dans ces cases de la cire en ruban et de différentes couleurs; on les expose à l'action du soleil, seulement en ayant soin de les rentrer tous les soirs : ces cires blanchissent aussi promptement que celles qui restent exposées nuit et jour aux pluies, aux rosées et au soleil; on peut, par ce moyen, distinguer les différences de blancheur que nos cires et celles de l'étranger peuvent atteindre. (*Voir Sophistication de la cire, Usage de la cire.*

MAR

MARTRE. Cette bête fauve appaise sa faim avec du miel; il n'a pas toujours la force de renverser les ruches, mais les formes de son corps, sa souplesse extrême lui permettent de s'introduire dans le logement des abeilles par les plus petites ouvertures; il se conduit alors avec la même intelligence que le renard : lorsque son corps est couvert d'abeilles , il vient se vautrer par terre pour les écraser, et à force de réitérer cette manœuvre , il se rend maître des provisions de la ruche. Les moyens pour écarter et se défaire de cet ennemi des abeilles, sont les mêmes qu'on emploie contre toutes les bêtes fauves. Il faut se servir de la poudre de noix vomique, qu'on introduit dans le corps d'une souris morte ; au moyen de cet appas empoisonné on peut en faire périr un grand nombre ; mais le moyen le plus sûr est de procurer aux abeilles des logemens inaccessibles à leurs ennemis. (*Voir Apié*).

MAS

MASSACRE *des faux bourdons*. L'histoire particulière des individus qui composent la société des abeilles est une suite de phénomènes difficiles à se rendre raison. Si l'étrange fécondité de la femelle , les travaux , les ouvrages des neutres nous causent tant de surprise , nous saisissent de tant d'admiration , la vie et la destinée des individus mâles de cette famille ne sont pas moins dignes de notre attention et de notre intérêt.

La vie des faux bourdons , suivant les récits

de leurs historiens, au lieu de leur offrir, comme à la plupart des animaux, une source de jouissance, n'est, au contraire, pour ces êtres, qu'une source de peines et de privations, qui ne finissent que par une mort violente. Le plaisir de se reproduire, prodigué à tout ce qui respire, semble être refusé aux faux bourdons, et celui de satisfaire aux besoins de leur conservation, semble leur avoir été accordé avec regret : les soins qu'ils ont reçu pendant qu'ils étaient dans leurs berceaux cessent du moment qu'ils en sortent; destinés à mener une vie oisive et casanière, les neutres leur permettent de prendre quelque nourriture avec les ménagemens d'une marâtre ; leurs occupations ne se bornant qu'à féconder une seule reine-mère et à avoir soin des enfans de la famille. Ils sortent rarement pour respirer l'air de la campagne : renfermés au nombre d'environ deux mille pour composer dans la ruche un triste sérail, ils attendent avec anxiété que le choix du sultan femelle soit fixé sur la tête d'un seul de leur nombreuse compagnie ; c'est alors (disent la plupart de leurs historiens), qu'à force de caresses, à force d'agaceries de la part de la femelle, que ce mâle est entraîné hors de la ruche pour se sacrifier aux amours de son maître, car il meurt à la suite de l'accouplement. (*Voir*

Accouplement). Telle est la triste destinée du mâle abeille , qui n'a connu le plaisir de l'hymen que pour perdre la vie. Le sort des autres mâles n'est point à plaindre ; peu sensibles au plaisir qui coûte si cher , après avoir rempli les fonctions qu'exigeaient l'incubation des œufs et l'éducation des vers , ils sont condamnés à périr en masse d'une mort violente; les neutres, qui sont leurs propres enfans , aiguisent les poignards qui doivent porter le coup mortel dans le sein de leurs pères ; ainsi les enfans de cette république si vantée , sacrifieraient à la crainte d'éprouver quelques besoins , les sentimens tendres qui les liaient aux auteurs de leurs jours.

Du moment que la loi de proscription est promulguée, il n'y a plus d'espérance de salut pour les mâles ; on voit les neutres chercher ses victimes dans les plus petits recoins de la ruche, sans même éparger les vers mâles encore dans leurs berceaux ; ils les arrachent de leur retraite, les attaquent sans pitié et leur dardent mille traits empoisonnés ; bientôt la table qui soutient cette ruche désolée est couverte de cadavres qui sont traînés hors de ce théâtre de carnage ; le devant de la ruche ressemble dans ces tristes momens à un champ de bataille qu'on né peut voir sans être pénétré d'horreur et d'indignation contre de pareilles exécutions.

Si l'on est disposé à regarder avec plusieurs panégyristes des abeilles, une ruche, comme le modèle d'une république, dont les lois sont faites pour le peuple, on ne sera pas embarrassé pour excuser la barbarie des neutres contre les faux bourdons ; on dira : les mâles doivent obéir à la loi sainte, qui sacrifie à l'autel de la patrie une portion des membres de l'état, pour ne pas courir le risque de manquer de vivre dans l'arrière saison.

Pour moi, qui ne saurais partager les sentimens de ces enthousiastes, je croirais plus volontiers, d'après mes observations, que la plupart des auteurs qui ont écrit l'histoire des abeilles, trop épris de l'amour du merveilleux, ont méconnu la sagesse de la nature, en prêtant gratuitement aux animaux les vices, les passions désordonnées qui sont la honte de l'espèce humaine.

Tous les êtres en général sont nés pour sentir le besoin de se conserver, et non pour sentir celui de s'entretuer ; le but, les travaux de la société des abeilles doivent tendre vers cette belle fin : les mâles de cette famille, après avoir rempli les fonctions de la fécondation et celles de l'éducation des vers, parvenus, vers cette époque, à l'état de vieillesse, obéissent à la loi inexorable qui est commune à tous les êtres ;

ils périssent naturellement aux approches de l'automne, comme la plupart des nombreuses familles d'insectes ailés, dont les mâles, comme dans celles des bourdons et autres insectes, périssent après l'émission de leur liqueur fécondante.

J'ai déterminé le temps que les faux bourdons peuvent vivre (*voir Durée de la vie des abeilles*); et quoique la plupart des auteurs croient aux massacres des mâles abeilles, je puis assurer qu'ayant examiné avec attention les cadavres des mâles qui couvrent les environs des ruches vers les mois de juin, juillet et août, je n'ai pu y découvrir les moindres traces de blessures; ces cadavres étaient entiers; j'ai vu mainte fois à cette époque, que plusieurs neutres s'acharnaient autour d'un mâle mort ou expirant, pour le traîner hors de la ruche; j'ai vu également ces mêmes neutres venir déposer sur la terre plusieurs vers mâles et femelles que j'ai jugés avortés et prêts à se corrompre; je n'ai jamais vu, parmi les mâles morts, les cadavres de leurs bourreaux, dont le nombre devrait être égal à celui de leurs victimes, en admettant l'opinion que l'emploi de leur aiguillon leur coûte la vie. Sans doute que les précautions que les abeilles prennent à éloigner tout ce qui peut nuire à la salubrité de leurs

21 *

logemens , ont été prises par leurs romanciers pour des tronsports de fureur contre les faux bourdons.

Mes vœux seront comblés , si un jour la vérité de l'histoire physique et morale des abeill s sort enfin des ténèbres où elle est encore plongée : peut-être alors , au lieu de nous attrister par le récit des scènes sanglantes, nous y trouverons des idées de paix et d'harmonie ; nous y trouverons des modèles d'activité pour le travail et de piété filiale , nous y trouverons , j'en suis sûr , l'image d'un ménage patriarcal qui multiplie et prospère à raison de l'union et de l'attachement mutuel qui règne parmi les enfans nombreux de cette famille. C'est sur ce point de vue , que le gouvernement des abeilles s'est présenté à mes observations , depuis que j'ai l'avantage et l'agrément de les cultiver. (*Voir Gouvernement des abeilles*).

MÉS

MÉSANGE. Cet oiseau, dont on connaît plus de vingt espèces , a un plumage bleuâtre ; il paraît en automne et s'éloigne au printems ; il se pose près de l'entrée des ruches. **M. De** Buffon dit qu'avec sa patte et son bec il gratte et provoque les abeilles à sortir, les saisit et les

emporte pour les dévorer. Lapoutre assure avoir
vu sous un arbre sur lequel se posaient des
mésanges, une quantité surprenante de parties
écailleuses des abeilles, que ces oiseaux avaient
laissé tomber en les dévorant. Les moineaux,
les hirondelles font la chasse aux abeilles ; il
est difficile de les en délivrer, à cause de leur
grand nombre ; heureusement que le dégât
qu'ils causent n'entraîne pas la ruine des ruches.

MIE

MIEL. Cette substance liquide et sucrée est
secrétée de la sève des végétaux par des petites
glandes appelées *nectarifères* par les botanistes,
à cause qu'elles sont situées dans le fond des
calices des fleurs. Cette substance miélée est le
principe immédiat de tous les végétaux, depuis
l'herbacé jusqu'au plus grand arbre ; elle semble destinée à nourrir les plantes dans leur enfance, comme le lait à nourrir les jeunes vivi-
pares : elle se trouve dans le tronc de certains
arbres, comme le frêne, le beaumier; elle est
dans la tige des herbacés, comme dans la canne
à sucre, celle du maïs, les tuyeaux de nos céréales; elle est aussi dans des racines, comme
la carotte, la betterave, le navet, la patate,
l'ognon cuit, par excellence dans nos melons,

dans les fruits et aussi dans les cidres et dans les vins avant qu'ils aient fermentés ; elle perce sur les feuilles des arbres de nos forêts sous le nom de miélée et plus abondamment sur les mélèses et autres arbres résineux, et aussi sur les buissons de nos haies, les herbes de nos prairies et de nos champs : les excrémens du puceron sont de miel ; on en trouve dans les urines et le lait des animaux.

Ainsi, le miel est répandu partout avec une espèce de profusion : redoublons de zèle et de soin pour favoriser la multiplication de ces insectes que la Providence nous a accordés pour nous faire jouir de ses bienfaits ; occupons-nous de tous les moyens qui peuvent tendre à cette fin. Les magasins destinés à recevoir ces moissons, qui ne manquent point dans les campagnes, doivent être proportionnés à leur abondance ; les logemens que j'ai fait construire pour cet effet ont parfaitement répondu à mes espérances et à mes profits.

Les abeilles ne donnent point des qualités au miel, elles l'enlèvent et le mettent en provision, tel qu'elles le trouvent. Comme les productions de la nature sont infiniment variées, la couleur du miel, sa consistance, son odeur et son goût varient dans chaque contrée, tellement que la même espèce de fleur donne diffé-

rens miels , suivant les cantons et les années
plus ou moins sèches , ou humides. Le miel récolté dans des ruches champêtres est toujours
plus agréable que celui qui est récolté dans
les lieux mal-sains. (*Voir Rucher*). On trouve
dans la même ruche du miel de différentes
qualités : celui des alvéoles dans lesquels il n'y
a point eu de couvain est moins âcre ; celui des
essaims est supérieur à celui qui a été exposé
pendant une année aux vapeurs qui s'élèvent
dans l'intérieur des ruches peuplées ; celui du
printems est meilleur que celui de l'automne ;
un triage , une manipulation soignée, les vases ,
le local où l'on conserve le miel influent encore
sur ses qualités.

Chaque fleur ne contenant qu'une petite
quantité de miel , les abeilles sont obligées d'en
parcourir plusieurs ; c'est pendant la chaleur
du jour qu'elles font cette récolte ; ce suc, qui
exude des fleurs par l'action du soleil , ne pourrait être recueilli pendant la fraîcheur du matin,
qui est propice à la récolte du pollen : les organes dont elles se servent pour faire cette provision , sont la trompe et le premier estomac,
qui lui sert de réservoir pour le transporter
dans la ruche.

La trompe (*voir Anatomie physiologique* ,
etc.) , est une espèce de langue musculeuse

très-flexible , garnie de petits poils que l'abeille allonge et racourcit à sa volonté , et dont elle se sert pour laper le miel et le conduire jusqu'à une petite ouverture qui est sa bouche , d'où il passe dans le premier estomac qui fait l'office de réservoir, pour être transmis dans le second, où il essuye une espèce de coction ; dans cette opération chimique, une partie de ce miel sert à la nourriture de l'insecte, et l'autre sert à la confection de la cire. Cette partie de miel , convertie en cire , est rejetée de l'estomac de l'insecte par un mouvement de contraction analogue à celui des animaux ruminans , pour servir de matériaux , sous la forme de bouillie , à la construction des alvéoles.

L'ordre que les abeilles suivent pour emmagasiner le miel , mérite notre attention : elles commencent ordinairement par remplir les cellules qui sont à la partie supérieure de la ruche; elles y introduisent la tête et puis la remuent tantôt d'un côté , tantôt de l'autre , comme si elles avaient de la peine à dégorger le miel qu'elles y apportent ; si en tombant il s'en sépare quelques gouttes, elles allongent la trompe pour les ramasser et les mettre en bon ordre en les rejetant de nouveau par la bouche. Comme la capacité d'une cellule est très-grande , en comparaison de leur premier estomac, elles sont

forcées de faire plusieurs voyages pour la remplir ; mais d'autres abeilles apportent en même
tems leur tribut dans la même cellule et elle
ne tarde pas alors d'être comblée ; ce qu'on ne
conçoit pas facilement, c'est que les cellules
étant horizontales, par la position des gâteaux,
elles puissent néanmoins venir à bout de les
remplir entièrement de miel.

Quand on considère une cellule qui n'est
encore remplie qu'en partie, on y distingue
facilement la dernière couche du reste de la
masse ; elle paraît avoir beaucoup plus de consistance : on peut dire qu'elle est par rapport
au miel, ce que la crême est au lait qu'elle
couvre ; elle ne ressemble pourtant point à un
plan qui surnage, mais elle a une figure con-
tournée que les abeilles lui ont donnée sans
doute à dessein. Lorsqu'elles veulent introduire
du miel dans une telle cellule, elles relèvent
avec leurs pattes de devant cette espèce de
croûte et avec leur tête elles y font passer la
liqueur miélée qu'elles apportent et avant de
se retirer, elles arrangent encore cette croûte
d'une manière convenable, afin qu'elle ne
puisse pas s'épancher.

Lorsqu'une cellule est pleine de miel, si les
abeilles se proposent de la conserver pour la
saison où elles n'en trouveront plus dans la

campagne, elles ont soin de la fermer avec
un couvercle formé de plusieurs bandes de
cire, qu'elles appliquent tout autour sur les
bords de la cellule, en y laissant un petit
trou qui peut être bouché par un grain de
cire : quant aux cellules qui doivent fournir
du miel pour la consommation journalière, on
les laisse débouchées et chacune y vient puiser
ce qui lui est nécessaire. Les abeilles bouchent
hermétiquement les cellules comblées de miel,
afin qu'il se conserve dans l'état de liquidité tel
qu'il a été ramassé sur les fleurs. Le contact de
l'air le fait durcir et devenir grainé, qualité
qui ne leur plaît point.

L'harmonie qui règne entre les abeilles ouvrières chargées des soins domestiques et les
neutres qui sont chargées des travaux de la
campagne, dispense souvent celles-ci d'aller
déposer leurs butins dans les cellules. Les abeilles qui font la garde à l'entrée de la ruche pour
en interdire l'accès aux téméraires qui en veulent à leurs richesses, en voyant arriver leurs
compagnes, elles leur présentent leur trompe ;
alors elles s'arrêtent, relèvent la leur, et font
couler la liqueur dont leur premier estomac est
plein, sur la trompe de ces abeilles officieuses;
d'autres fois, ces abeilles, fatiguées, au lieu de
se rendre aux magasins qu'on a commencé à

remplir, elles passent par les ateliers et offrent avec leurs trompes, aux ouvrières occupées à construire, la nourriture qu'elles viennent de cueillir sur les fleurs. Cette attention de la part des abeilles champêtres envers les ouvrières, dispense celles-ci de quitter leur ouvrage pour aller s'alimenter, et à elles-mêmes la peine d'aller déposer dans les cellules la récolte du miel, ce qui les rend plutôt prêtes pour retourner dans les champs.

C'est ainsi que dans cet heureux ménage, tous les momens, les plus petites circonstances sont ménagées, combinées de façon, qu'il n'y a jamais de tems perdu ; tout y est mis à profit pour la prospérité générale. (*Voir Manipulation du miel*, *Usage du miel*, *Vente du miel*).

MIÉLÉE. Pendant les chaleurs de l'été, les sucs de la sève des arbres qui fournissent la substance miélée, sont tellement abondans, tellement liquéfiés par l'effet de la chaleur, que le miel transpire d'une manière visible sur la surface supérieure des feuilles de certains arbres, tels que les chênes, les érables, les tilleuls, les ronces, etc. La surface luisante des feuilles de ces arbres est considérée comme un réseau d'organes secréteurs des sucs, qui sont superflus à l'économie de la plante ; ces sucs,

22

ainsi préparés, forment ce que nous connaissons sous le nom de *miélée*, *miélat*, *miélure*.

Sur les arbres qui se dépouillent annuellement, la *miélée* ne paraît ordinairement que lorsque les premières feuilles de ces arbres ont acquis une certaine consistance ; on ne la voit jamais sur les feuilles nouvelles. Les tems propices à la sécrétion de la miélée sont les plus favorables aux abeilles ; elles sont infatigables à cette époque, et pour mettre ces tems heureux à profit, elles travaillent nuit et jour ; on ne peut entendre leur bourdonnement au milieu d'une nuit qui a succédé à une journée d'été très-chaude, sans être sensible à la vigilance incroyable de ces insectes pour tout ce qui peut faire prospérer leur ménage.

M OE U

MOEURS *des abeilles.* L'étude des mœurs de ces insectes est la partie la plus intéressante de leur histoire : on peut dire que les abeilles sont le modèle des vertus privées et sociales ; chacun dans cette réunion se pique de remplir le mieux possible les devoirs de sa charge ; de sorte que le bien général de cette société animale semble être placé dans le plus grand bien de chaque individu. Leçon sublime, qui fe-

rait le bonheur des sociétés humaines, si elle
y était mise en pratique.

Le caractère principal qui distingue les
abeilles, est celui de l'amour du travail, de
la prévoyance et d'un attachement sans bornes
pour les enfans de la famille. On ne saurait voir
sans émotion la jeune abeille, le jour même
qu'elle quitte les langes de son enfance, se ris-
quer d'aller loin du toit maternel ramasser des
provisions pour réparer celles qui lui servaient
d'aliment pendant qu'elle était dans le berceau.
Cette ardeur pour le travail n'a point d'interruption ; on les voit travailler pendant le jour
et la nuit dans les temps propices à leur récolte;
il n'y a de repos pour elles, que lorsque la
campagne ne leur offre plus de ressources.
Pendant la mauvaise saison, livrées à une
oisiveté forcée, ne faisant aucun mouvement,
les fonctions de la vie organique n'ont besoin
de réparer aucune perte ; aussi ces insectes,
modèle de prévoyance, tirent parti de toutes
les circonstances que les tems et les lieux exigent d'elles.

Le cultivateur, dans tout ce qu'il fait pour
ses abeilles, ne doit jamais perdre de vue les
qualités essentielles qui distinguent ces ouvrières infatigables ; elles sont capables d'opérer des prodiges pendant la saison des fleurs ;

on les a vues construire, dans vingt-quatre
heures, des gâteaux de vingt pouces de haut,
sur sept à huit de large; elles peuvent, dans
quatre à cinq jours, combler de miel et de cire
leur logement; il arrive le plus souvent qu'elles exécutent plus d'ouvrages et de travaux
dans quelques jours que dans le reste de l'année : pour entretenir cette activité incroyable,
il faut leur procurer des logemens qui se prêtent à recevoir le fruit de leurs travaux; c'est
le moyen d'éviter qu'elles ne se livrent à un
désœuvrement nuisible à elles et au propriétaire.

L'attachement des abeilles pour leurs petits
ne saurait s'exprimer : les soins tendres et
officieux qu'elles leur prodiguent, se changent
en transports de fureur lorsqu'il s'agit de les
protéger contre leurs ennemis ; elles sacrifient
leur vie pour les conserver. Dans ce gouvernement patriarcal, les enfans de la famille vivent en bons frères et suppléent aux soins
maternels, auxquels une seule mère ne pourrait
suffire ; ainsi les mœurs de ces insectes sont
la honte des nations qui se vantent d'être les
plus civilisées, où l'égoïsme semble étouffer les
sentimens généreux qui font la prospérité des
sociétés animales. (*Voir Gouvernement*, *Société*, *Police des abeilles*).

MOISISSURE. L'humidité des eaux pluviales et de la fonte des neiges, en pénétrant les matériaux dont les ruches sont composées, causent la moisissure des gâteaux, déterminent l'avortement du couvain et rendent le séjour de la ruche dégoûtant. Ces inconvéniens peuvent être aussi attribués au défaut de construction des supports des ruches qui ne facilitent pas assez l'écoulement de ces eaux.

Une trop grande chaleur dans l'intérieur de la ruche, peut produire les mêmes effets ; elle occasionne aux abeilles une transpiration qui s'élève en vapeur dans l'intérieur de leurs habitations, et en tombant sur les gâteaux donne lieu à leur moisissure. Pour prévenir les accidens funestes provenant des eaux extérieures et intérieures, il faut loger les abeilles dans les *apiés*.

MOY

MOYENS *de se familiariser avec les abeilles.* L'anglais Th. Mill, surnommé Widman (homme sauvage), qui, il y a une quarantaine d'années, a donné à Londres et à Paris le singulier spectacle de se faire suivre par les abeilles, dans le *Traité de l'Éducation* de ces insectes, nous dit que les abeilles semblent ne

22 *

désirer que la paix et la tranquilité, d'où il
s'ensuit, ajoute-t-il, qu'*une personne qui s'est
familiarisée avec elles, peut les gouverner
comme il lui plaît, en s'en faisant craindre*. Je
n'ai point de doute que les abeilles ne soient susceptibles de crainte : les coups réitérés qu'on
donne sur une ruche pleine, pour faire passer
les abeilles dans une ruche vuide, le prouvent.
C'est assurément la crainte qui leur fait quitter celle sur laquelle on frappe pour monter
dans l'autre. Le linge que l'on met pour fermer
les jointures des deux ruches abouchées ne sert
à rien ; les abeilles qui s'échapperaient seraient
sans colère, mais saisies de crainte, ce qu'elles
manifestent en se posant sur la ruche vuide
et agitant leurs ailes. La fumée fait les mêmes
effets, mais elle agit d'une manière différente.
(*Voir Effets de la fumée sur les abeilles*).
D'un autre côté, ces insectes ne sont jamais
agresseurs. Ce n'est point pour l'attaque, dit
M. Hubert, mais seulement pour leur défense,
que l'abeille, les guêpes, les frêlons, et les mouches de cet ordre ont été armés d'un aiguillon ;
s'il en était autrement, la terre serait inhabitable pour tous les animaux ; l'homme lui-même, avec toute son industrie, ne saurait s'en
mettre à l'abri : mais grace à la bonne Providence, nous n'avons rien à redouter de ces in-

sectes ailés qui nous entourent et qui pourraient être si dangereux. Pour vivre en paix avec les abeilles, continue M. Hubert, il ne faut point les chagriner; si par hasard elles se posent sur vous et que cela vous gêne, il faut se contenter de souffler sur elles, et ne point les chasser avec la main : une secousse trop brusque peut les mettre en colère : la peur qu'en ont certaines gens, leur fait faire des subressauts qu'elles prennent pour des hostilités. »

Lorsqu'on sera bien convaincu de ces vérités, on ne craindra plus les abeilles, on les soignera avec plaisir, on parviendra même à les manier sans les irriter. Ne sait-on pas que le moyen de rendre traitable et de cesser de craindre un animal quelconque, c'est de l'approcher doucement; de lui donner quelques soins de tems à autre et des alimens de son goût : il se familiarisera alors avec les personnes et les lieux qui l'environnent. Les animaux ont un instinct de connaissance : les abeilles en sont éminemment douées; elles connaissent leur ruche au milieu d'un grand nombre d'autres : elles distinguent leurs reines; elles règlent leurs travaux sur sa ponte; elles s'aperçoivent de son absence; elles connaissent l'ami qui les soigne; elles se reposent avec sécurité sur lui; tous les auteurs attestent cette vérité et les personnes

qui les cultivent en sont convaincues. Un auteur moderne, en parlant des essaims, s'exprime ainsi : « Si autour du rucher vous avez
» eu la précaution de planter des arbres nains,
» il ne vous faudra ni les cueillir, ni les suivre
» de l'œil, ni battre vos caisses et vos tambours;
» il ne vous faudra ni sable, ni poussière, ni
» armes à feu; cherchant le premier asile, elles
» se poseront sur le premier arbre; elles vous
» attendront venir les prendre, mais si vous
» avez été si négligent à vos intérêts, les
» abeilles qui s'écartent de qui ne les aime pas,
» quitteront un maître ingrat, prendront vol
» vers les bois; soyez pour elles si vous vou-
» lez qu'elles soient pour vous; elles recon-
» naissent leurs maîtres, et si vous n'en prenez
» nul soin, elle ne vous connaîtront pas plus
» que le premier venu. »

Les personnes qui craignent la piqûre des
abeilles, doivent s'affubler lorsqu'elles en approchent; si elles agissent en silence et avec
douceur, elles seront bientôt convaincues que
cette précaution est inutile.

Dans leurs mouvemens, les abeilles ont un
but; il ne faut pas le contrarier : si vous vou-
lez vous en convaincre, mettez du miel dans
un vase, tenez-le hardiment et en silence à la
proximité d'un rucher, des millions d'abeilles

et même des guêpes accourent ; leur but sera d'enlever le miel, et pas une ne vous piquera ; vous vous présenteriez les mains et le visage couverts de miel que ce serait la même chose.

Il y a une colonne à Tine (île de l'Archipel), à laquelle on attache les voleurs nus, jusqu'à la ceinture, après les avoir couverts de miel : on les expose ainsi à l'ardeur du soleil ; les abeilles, les guêpes, les mouches de toute espèce couvrent le patient ; elles enlèvent le miel ; leur mouvement est assurément un supplice, mais les voleurs en sortent sans la moindre piqûre.

Les abeilles d'un essaim qui quittent une ruche, ont un but incertain ; tenez-vous au milieu d'elles, leur unique but étant de chercher à suivre leur reine, elles ne vous feront aucun mal ; si leur vol est un peu long, beaucoup se reposeront sur vos vêtemens.

J'ai souvent occasion de mettre en pratique ce que nous venons de dire, touchant les précautions qu'il faut prendre en approchant des abeilles. Lorsque ma famille vient me visiter à mon *rucher expérimental*, elle n'a jamais eu lieu de se plaindre de leurs piqûres. Il faut savoir que, dans les beaux jours de printems, on ne peut arriver à la terrasse qui est devant mon apié, qu'en traversant un nuage épais

d'abeilles qui partent et arrivent des champs ;
le ciel en est obscurci ; leur bourdonnement se
fait entendre au loin; enfin lorsqu'on se trouve
au milieu de ce rendez-vous général de tant de
milliers d'individus , on est surpris que dans
une si grande confusion , aucune abeille ne se
méprenne pour regagner son toit paternel; je vois
alors mes enfans au milieu de ce tourbillon ,
dans la plus grande sécurité : aucune abeille ne
s'avise de nous piquer ; on dirait qu'elles connaissent leur maître ; elles semblent nous voir
éloigner avec regret de la demeure que je leur
ai préparée ; elles se posent sur nos vêtemens
et semblent vouloir nous accompagner jusqu'à
une certaine distance ; on dirait qu'elles sont
sensibles au bien que j'ai désiré leur procurer;
mais ces dispositions pacifiques se changent en
fureur , lorsque je taille ou que je dépouille
mes loges : leur attachement pour leur couvain,
qui abonde à cette époque , les rend intraita-
bles ; elles piquent indistinctement tout ce qui
approche des rayons qui renferment leur progéniture ; ce n'est qu'à la faveur de la fumée
qu'on peut continuer l'opération de la dépouille,
(*Voir Fumée , ses effets sur les abeilles*).

Ces insectes sont susceptibles d'éprouver les
affections qui font les liens et le charme des sociétés dont elles offrent le modèle. Il semble que

les abeilles domestiques ont de la reconnaissance envers les personnes qui leur donnent leurs soins et leurs attentions : elles aiment à être visitées par leurs bienfaiteurs ; elles partagent les sentimens de sociabilité avec les animaux que l'homme a fait servir à ses besoins et à ses plaisirs ; aussi, l'attachement des animaux domestiques envers leur maître, devient une source d'agrémens et de plaisirs pour celui qui a le bonheur de les sentir.

MUL

MULTIPLICATION. C'est par la multiplication des individus que les races se conservent et se perpétuent : les animaux, en général, se multiplient plus ou moins, à raison de la durée de leur vie, à raison des dangers et des ennemis auxquels ils sont exposés. Les petits animaux, condamnés à être la pâture des grands et dont la vie est presque éphémère, multiplient à l'infini, au lieu que les grands animaux, qui n'ont point d'ennemis à redouter et qui jouissent d'une longue vie, ne donnent naissance qu'à un seul être. L'éléphant, qui semble une montagne ambulante et jouit d'une longue vie, n'enfante qu'un éléphant, tandis que le puceron, dont la vie est de peu de durée , multiplie par milliers. Il est facile de se convaincre de la multiplication merveilleuse de ces petits insectes ailés : pour cela , renfermez un puceron sous un verre , pendant le tems favorable à leur ponte : au bout de quelques jours vous verrez le petit solitaire au milieu d'une nombreuse famille ; renfermez avec les mêmes précautions un individu vierge provenant de cette même famille , le petit hermite multipliera comme son père ; répétez cette expérience jusqu'à la neuvième génération, vous verrez que ces individus, toujours vierges, multiplieront sans copulation. Avouons que la génération et la multiplication des animaux sont des mystères qui offriront toujours des sujets inépuisables d'investigations et de contemplation.

Les abeilles , dont la courte durée de la vie qui ne dépasse pas deux printems et qui ont tant de dangers à courir, tant d'ennemis à craindre , avaient besoin de se multiplier pour réparer leurs pertes et conserver leurs races. Nous avons remarqué dans la description anatomique de la reine-mère (*voir cet article*), que leur corps est beaucoup plus volumineux que celui des neutres , que les ailes sont beaucoup plus courtes , les dents plus petites , les extrémités des jambes mitoyennes , privées de brosse pour ramasser le pollen, les jambes postérieures, sans cavités triangulaires pour le transporter dans la ruche, enfin, les organes destinés aux travaux champêtres, sacrifiés en faveur des organes de la génération; on peut voir dans l'abdomen de la femelle, dans le tems de la ponte, des ovaires énormes où Swammerdan a compté cent cinquante vaisseaux qui chacun renferment 17 œufs et tous plus de 3 mille de ceux qui étaient visibles, sans compter une foule d'autres qui n'étant point encore formés, devaient se développer successivement, échappent à la loupe : aussi l'abeille femelle peut pondre jusqu'à deux cents œufs par jour, dix ou douze mille dans l'espace de sept semaines et près de quarante à cinquante mille dans le cours d'une année. Le nombre et la grosseur des essaims d'une année donnent aussi une idée assez exacte de la multiplication prodigieuse de l'abeille femelle. (*Voir Ponte*, *Couvain*).

MULOT. (*Voir* l'article *Rat.*)

NOU

NOURRITURE *nécessaire aux abeilles*. Les produits que nous retirons des abeilles, doivent exciter notre zèle à leur procurer tout

23

ce qui peut leur être de quelque utilité ; c'est surtout pendant la saison où la campagne n'offre plus de ressources à leur ardeur pour le travail , que nous devons leur donner des preuves de notre reconnaissance: car, il faut en convenir , ce que nous faisons pour elles n'est rien en comparaison de ce qu'elles font pour nous : le cultivateur un peu reconnaissant doit visiter, pendant l'hiver , les ruches qui ont besoin d'être alimentées ; il faut qu'il juge de l'état où elles peuvent se trouver , 1° d'après la saison plus ou moins favorable qui a précédé ; 2° suivant le nombre d'essaims qu'il a recueillis ; 3° enfin , d'après l'état de population plus ou moins nombreuse , ce qu'il reconnaîtra en frappant des petits coups redoublés contre la ruche et en y approchant l'oreille : si les abeilles répondent en bourdonnant , c'est une preuve qu'elles sont en état de prendre de la nourriture ; il faut donc voir si elles n'en manquent pas; pour cela, on enfonce une vrille au tiers supérieur de la ruche qui sert de grenier de provisions ; en retirant cet instrument , on reconnaît si son extrémité est enmiélée.

Ces aperçus fourniront au cultivateur des données pour connaître les ruches qui réclament ses secours. La meilleure nourriture qu'on puisse donner aux abeilles , est celle

qu'elles entassent dans leurs magasins pendant
la saison des fleurs ; il faut, à l'époque de la
dépouille , réserver les gâteaux remplis de miel
et de pollen pour en faire présent aux abeilles
qui seront dans l'indigence pendant l'hiver ; le
miel contenu dans les cellules où il est hermétiquement renfermé avec un couvercle de cire,
conserve sa fluidité naturelle , qualité qui plaît
davantage aux abeilles , que celui qui étant en
contact avec l'air extérieur prend une consistance grenue et peut alors leur être nuisible :
à défaut de rayons de miel , on leur donne des
sirops qu'on fait avec toutes les substances qui
contiennent le plus abondamment des parties
saccharines, telles que le miel, le sucre, les figues,
les raisins secs , les jus de poires et de pommes ,
enfin , avec tous les fruits parvenus à leur
dernier degré de maturité. Dans certaines contrées , on mêle avec ces différens sirops , des
purées de lentilles, de fèves , de poids , etc. ;
des farines de blé , d'avoine , etc. ; mais il n'y
a que le besoin pressant d'assouvir la faim, qui
oblige les abeilles à se porter sur ces nourri-
tures , comme il les force quelquefois à ronger
la cire des gâteaux.

Les sirops de miel et de sucre sont la nourriture qui convient le plus aux abeilles. Le
premier se fait en faisant dissoudre du miel

dans du vin nouveau , ou de cidre, ou du poiré,
ou de la mélasse dans la proportion d'une livre
par bouteille d'eau ; ajoutez un peu de sel en
poudre ; faites bouillir doucement le mélange
jusqu'à ce qu'il soit réduit en consistance de sirop ; conservez-le dans un vase bouché , au
cellier ou à la cave pour s'en servir au
besoin.

Le sirop de sucre pour les abeilles , se fait
dans la proportion d'une livre de cassonade sur
quatre livres d'eau commune : faites bouillir
dans un vase étamé , ou dans un pot de terre ;
écumez ; jetez ensuite du blanc d'œufs pour cla-
rifier le sirop; après demi-heure d'ébulítionl on
le laisse refroidir ; passez-le à travers un linge,
encore mieux à travers un papier gris ; si on
s'aperçoit qu'il dépose dans les bouteilles , on le
transvasera , dans la crainte que les premières
chaleurs fassent fermenter le dépôt , ce qui
gâterait le sirop.

On peut faire aussi , et avec moins de frais ,
un sirop de raisins dans les tems de la ven-
dange : prenez la quantité suffisante de moult
de raisins les plus mûrs ; versez pendant l'é-
bullition la poudre alkaline qui doit neutraliser
son accidité , telles que la cendre , la chaux ,
mais encore mieux la poudre de marbre , ré-
duisez à la consistance du sirop perlé ; laissez

refroidir ; décantez , c'est-à-dire , versez avec
douceur le sirop dans un autre vase , afin que
son résidu reste dans le fond ; conservez le sirop dans des bouteilles ou autres vaisseaux
dans des lieux convenables.

La quantité de nourriture nécessaire à une
ruche doit se régler sur ses besoins. Les expériences faites sur des ruches indigentes , prouvent que trois livres de miel , ou de sirop de
sucre peuvent les substanter pendant la mauvaise saison. (*Voir Ruche faible*). En hiver, les
abeilles restent le plus souvent dans l'inaction;
elles éprouvent alors moins le besoin de réparer les pertes qu'exige la fatigue de leurs travaux ; en leur administrant des alimens ; il
faut qu'ils soient froids et les placer sur des
assiettes ou des plateaux de bois évasés, et recouvrir le miel ou le sirop d'une feuille de papier criblée , ou parsemée de paille hâchée ,
afin que les abeilles puissent y introduire leur
trompe , sans courir le risque de s'engluer le
corps.

Il est facile d'alimenter les abeilles , lorsqu'elles sont logées dans les apiés (*voyez cet
article*) : je verse le sirop dans une bouteille
ordinaire , j'en bouche le goulet avec un morceau de toile , que je lie fortement ; j'intro-
duis son cou dans l'ouverture pratiquée au

bas de la paroi postérieure de la loge ; je
maintiens la bouteille dans une position qui
favorise l'écoulement de la nourriture , et les
abeilles appaisent leur faim avec le sirop qui
suinte à travers la toile qui bouche l'orifice
de la bouteille.

ORG

ORGANISATION *intérieure d'une ruche
peuplée.* On peut considérer l'intérieur d'une
ruche peuplée divisé en trois parties ; dans
la partie supérieure , on trouve des rayons
remplis de miel , c'est le grenier de prévoyance ; les cellules de cette partie de la ruche
sont comblées de miel et couvertes à leur orifice d'un couvercle en cire , qui ferme hermétiquement le miel qui y est contenu pour le
garantir de l'action de l'air extérieur qui pourrait favoriser sa fermentation ; dans le centre ,
qui est la partie la plus chaude , les alvéoles
renferment ordinairement le couvain et des
provisions de pollen , qui , pétri avec du miel,
lui sert de nourriture ; dans le tiers inférieur
de la ruche , les alvéoles sont vides; ils
servent d'entrepôt où les abeilles déposent
précipitamment leur récolte , dans les journées
où le miel abonde dans les fleurs , d'où elles

le remontent ensuite pendant la nuit suivante dans les cellules des rayons du tiers supérieur, qui est le grenier d'abondance.

OUR

OURS. Ces animaux habitent, en France, les montagnes des Alpes et des Pyrénnées ; ces contrées, ordinairement propices aux abeilles, fournissent à ces animaux des ressources pour assouvir la faim avec du miel ; lorsqu'ils découvrent des arbres creux qui servent à loger des abeilles sauvages, ils montent le long des troncs, et avec leurs pattes ils en tirent tout ce qu'ils peuvent atteindre.

Dans le nord de l'Europe, il y a des propriétaires qui se font un amusement cruel de la passion de l'ours pour le miel : ils enferment un chat dans un petit tonneau, qu'ils frottent extérieurement de miel, ils font quelques trous par où le chat peut passer sa patte ; ils mettent le petit tonneau au milieu d'une enceinte de planches, qu'ils nomment *palkan*, qui entoure la maison de ce propriétaire, on déchaîne l'ours, qu'ils élèvent par luxe : l'ours court aussitôt au petit tonneau pour en lécher le miel ; le chat, croyant que l'ours veut le

dévorer, lui donne des coups de griffes sur
la langue ; bientôt l'ours devient furieux, et
presse inutilement le petit tonneau contre sa
poitrine pour l'écraser, voyant ses efforts
inutiles, il le jette en l'air à différentes reprises, le petit tonneau se brise en tombant,
et l'ours met le chat en pièces.

O U V

OUVRAGES *des abeilles*. Les travaux
auxquels les abeilles se livrent avec tant d'ardeur ont pour but de construire des magasins
pour recevoir leur récolte et des berceaux
à leur progéniture ; ces ouvrages admirables
sont exécutés avec une économie, avec une
perfection qu'il semble que la géométrie la
plus sublime a présidé aux plans de leur construction. Ces ouvrages sont divisés en plusieurs gâteaux ou rayons, placés dans une
position perpendiculaire et parallèle entr'eux,
attachés solidement à la voûte de leur habitation.

Chaque rayon est composé d'un double rang
d'alvéoles, qui sont adossés les uns contre
les autres, et dont le fond est commun ; la
figure de l'alvéole est un hexagone régulier
à six côtés (*Voyez Hexagone*). Papus, fa-

meux géomètre, a prouvé que cette figure
avait le double avantage de remplir une espace
sans y laisser de vuide et de renfermer un plus
grand espace dans le même contour : il est à
remarquer que les abeilles aient précisément
choisi ou rencontré , entre une infinité de figu-
res , la seule qui pût remplir exactement deux
conditions si essentielles. La figure de la base
présente une pyramide formée de trois losanges
parfaitement égales ; les quatre angles de ces
losanges sont encore si heureusement combinés,
et leur ouverture dans une telle proportion ,
que la cire se trouve employée avec la plus
grande économie ; en sorte que tout autre lo-
sange , composée de tout autre grandeur , n'aurait pu procurer les mêmes avantages. M. Kœ-
niq, qui avait employé l'analyse des infinimens
petits , pour résoudre ce problème qui lui avait
été donné par M. De Réaumur , après bien de
calculs n'était arrivé qu'au résultat des abeilles.
La manière dont elles s'y prennent pour construire tous les côtés de leur hexagone , tous les
angles des losanges qui forment leur fond pyramidal, est aussi étonnante que les dispositions
qui résultent de l'adossement des deux rangs
d'alvéoles qui composent les rayons.

Les cellules qui occupent les deux faces du
même gâteau sont appliquées les unes contre

les autres par leurs fonds ; mais ces fonds ne sont
pas plats, ils sont pyramidaux, comme nous
l'avons remarqué, formés de la réunion de trois
petits losanges égaux et semblables ; cette figure pyramidale permet aux fonds semblables
de celles de deux faces opposées du gâteau, de
s'ajuster les unes contre les autres, de manière
qu'ils ne laissent entre eux aucun vuide ; il en
est de même du corps de la cellule : la figure
hexagone leur permet aussi de s'appliquer immédiatement les uns aux autres sans qu'il reste
entre elles aucun intervalle.

Tous ces ouvrages, construits sur des plans
si habilement choisis, si admirablement perfectionnés, sont exécutés avec des instrumens
dont la forme et la manière d'agir ne sont pas
moins dignes de notre curiosité. Les matériaux
qui servent à leurs constructions sont d'abord
cette substance que les abeilles ont cueillie sur
les fleurs : les expériences de M. Hubert ne
laissent aucun doute que le miel est transformé
en cire dans l'estomac de l'abeille ; il en est
rejeté en forme de pâte liquide, susceptible de
se prêter à toutes les formes qu'elle veut lui
donner ; c'est avec cette pâte que les abeilles
commencent à façonner un de ces rhombes qui
forment le fond de la cellule ; ensuite elles
élèvent deux des pans de la cellule sur deux

des côtés extérieurs de ce rhombe ; ces ouvrières façonnent ensuite un second rhombe, qu'elles lient avec le premier et lui donnent l'incli-
nation qu'il doit avoir , et sur ces deux côtés
extérieurs , elles élèvent deux nouveaux pans
de l'hexagone ; enfin , elles construisent le troisième rhombe, sur lequel elles bâtissent les
deux derniers pans qui achèvent de former le
fond pyramidal de la cellule.

Tout cet ouvrage est d'abord assez massif et
ne ne doit point demeurer tel : ces habiles ouvrières s'occupent ensuite à le perfectionner, à
l'amincir, à le polir , à le dresser ; c'est alors
que leurs dents, qu'elles font mouvoir horizontalement avec une vitesse extrême , leur tiennent lieu de rabot et de lime ; leur langue char-
nue , placée à l'origine de la trompe , exécute
aussi des mouvemens qui aident encore au travail des dents ; d'autres ouvrières se succèdent
à ce même travail, de sorte que ce que l'une
n'a qu'ébauché, une autre le finit un peu plus ;
une troisième le perfectionne ; et quoique cet
ouvrage ait passé ainsi par tant de mains, on
peut dire qu'il a été jeté au moule. Les parois
des cellules sont tellement minces , que leur
bord extérieur ne pourrait résister aux mouvemens continuels des abeilles ; aussi elles ont
l'attention de l'entourer d'un cordon de cire

pour lui donner plus de solidité. Elles fortifient également les jonctions des pans de cellules en mettant dans leur angle une plus grande quantité de cire : de sorte que leur intérieur n'a point la figure d'un hexagone parfait, mais plutôt celle d'un hexagone arrondi.

Il n'est pas facile à l'observateur curieux de suivre les commencemens et les progrès de ces ouvrages étonnans ; ce qui le désespère , c'est de voir que le grand nombre d'abeilles qui partent et arrivent continuellement dans ces ateliers, ne lui permettent jamais d'observer longtems, ni à son aise , comment elles s'y prennent pour ajouter les morceaux de cire qu'elles apportent aux pans des cellules déjà commencées ; Il est plus facile de voir , lorsque la cellule est achevée, la manière dont elles la ragréent, en diminuant l'épaisseur des parois et en polissant toutes les parties ; alors une seule abeille entre la tête première dans l'alvéole, enlève avec ses dents la cire superflue, qu'elle va porter ailleurs, et revient de nouveau ratisser l'intérieur, jusqu'à ce que l'ouvrage soit entièrement fini ; en voyant cet atelier , qui réunit tant d'ouvriers, on serait presque tenté de croire qu'il y en a qui ne sont destinés qu'à limer les cellules , d'autres à préparer , disposer les pièces qui doivent la former, d'autres , enfin, à donner la dernière main à l'ouvrage ; on est étonné aussi, que des mouches qui voltigent pêle-mêle et qui ne présentent que l'image du désordre et de la confusion, puissent s'accorder dans leur opération, pour venir à bout de faire un chef-d'œuvre.

Si les ouvrages des abeilles, dans la construction des alvéoles qui forment les rayons, sont exécutés avec tant d'adresse, avec tant de précision sur des plans si réguliers, si géométriques, la prévoyance de ces mêmes insectes, dans les dispositions de ces mêmes ouvrages, nous donne une idée encore plus grande de l'étendue de leurs facultés presque intellectuelles.

Les abeilles semblent avoir tout prévu dans ce qu'elles font ; elles n'ont pas oublié que les œufs qui produiront des mâles, exigent des cellules plus larges et plus profondes que les cellules ordinaires ; leur diamètre est de trois lignes un tiers environ, tandis que celui des alvéoles, destiné à recevoir les abeilles ouvrières, n'est que de deux lignes et deux cinquièmes : la profondeur des uns et des autres n'est pas aussi constante ; les premières ont quelquefois plus de huit lignes et les autres cinq lignes et demie ; elles bâtissent aussi des cellules qui n'ont d'autre destination que celle de servir de magasins pour le miel; leur profondeur est quelquefois de dix lignes.

L'intérêt que les abeilles portent à la conservation de la reine-mère ne se borne pas seulement à sa personne, il s'étend jusqu'aux œufs qui donneront naissance à celles qui doivent lui succéder, ou qui doivent se mettre à la tête des nouvelles colonies; elles construisent pour ces œufs des cellules particulières, plus grandes, plus massives et d'une forme différente; elles bâtissent ces cellules royales aux extrémités et sur les bords des rayons; leur nombre varie; il est toujours proportionné au degré de prospérité de la colonie; elles leur donnent la figure d'un sphéroïde allongé, plus gros vers l'un de ses bouts, et qui a de quinze à seize lignes de long; leur surface extérieure est remplie de petites cavités qui ressemblent à un guillochis; on dirait qu'elles ont dédaigné la beauté, l'élégance des formes pour ne penser qu'à la solidité; une seule de ces cellules pèse presque autant que cent cinquante cellules ordinaires. Leur position n'est pas la même. leur fond est en haut et leur axe est dans un plan vertical, de sorte que la reine nymphe a la tête en bas, pendant que les abeilles ordinaires et les faux bourdons l'ont un peu au-dessus de la ligne horizontale.

Les abeilles arrangent, disposent leurs rayons d'une manière qui fait encore beaucoup d'honneur à leur industrie et à leur prévoyance : ordinairement elles les attachent au haut de leur logement; mais lorsqu'il y en a déjà un qui est bien avancé, elles en commencent un second, qu'elles dirigent parallèlement au premier : il leur arrive pourtant de se tromper et de s'écarter du point auquel elles auraient dû aboutir ; alors si l'espace vuide qui reste entre deux leur paraît trop considérable, elles en construisent un troisième entre les deux premiers et seulement jusqu'à l'endroit où l'intervalle qui les sépare cesse d'être trop grand ; elles le dirigent quelquefois obliquement et même perpendiculairement aux premiers qui ont été construits ; mais elles ne manquent jamais de laisser, de l'un à l'autre rayon, une distance où deux abeilles peuvent passer aisément de front ; elles pratiquent d'intervalle à intervalle des passages à travers les gâteaux pour faciliter les communications et éviter des détours inutiles.

L'ardeur avec laquelle les abeilles travaillent à la construction de leurs rayons est incroyable. J'ai vu souvent, dans mes loges vitrées, que lorsque le tems est favorable à la sécrétion du miel, elles peuvent avancer leurs rayons d'une

manière très-rapide, et je ne suis pas surpris
que M. Maraldi ait vu faire, en un seul jour,
un rayon qui avait un pied de long et six pou·
ces de large, et qui, suivant la grandeur ordinaire des alvéoles, pouvait en contenir jusqu'à
quatre mille. Lorsque ce nombre d'alvéoles est
rempli de provisions, leur poids pourrait faire
courir le risque de se détacher ; dans ce cas,
les abeilles ont l'attention de les assujettir entre
eux par différens appuis formés de cire, qu'elles attachent sur tous les points jugés nécessaires pour leur plus grande solidité. (*Voir
Irrégularité dans les ouvrages des abeilles,
Travaux*).

PIC

PIC ou **PIVERT.** Cet oiseau tire son nom
de l'habitude qu'il a de faire des trous avec son
bec, pour attraper des vers logés entre le corps
et l'écorce de certains arbres : le bruit qu'il
fait en frappant l'arbre est entendu d'assez
loin. Lorsque cet oiseau approche des ruches,
il les transperce, il darde alors dans les rayons
sa langue noueuse qui a cinq ou six pouces de
long : elle est hérissée de pointes et enduite
d'une espèce de colle ; toutes les abeilles qui
la touchent y restent engluées, et quand elle

en est bien chargée, il la retire pour les avaler, et il continue cette manœuvre jusqu'à ce qu'il ait satisfait sa voracité : dans peu de jours cet oiseau dépeuple une ruche ; il passe ensuite à une autre pour lui faire subir le même traitement, de sorte que si on n'avait pas le soin de l'écarter, il détruirait le rucher ; il faut donc le visiter souvent en hiver pour en écarter les animaux malfaisans ; on peut y placer dans le voisinage des épouvantails ; si ce moyen est insuffisant, il faut avoir recours aux armes à feu pour s'en délivrer. On fermera les trous pratiqués par le bec du pivert avec du plâtre mêlé avec des petits morceaux de verre, ou avec un lut composé de chaux et de blancs d'œufs.

PIL

PILLAGE *des ruches.* Les abeilles, vivant en corps de société soumis à des régles qui semblent, en quelque sorte, les assimiler aux sociétés humaines, sont exposées aux événemens fâcheux attachés aux réunions nombreuses ; nous voyons alors trop souvent que quelques membres de la société, sentant plus ou moins physiquement le besoin de satisfaire à leur conservation, fait valoir, pour l'assouvir, des prétentions injustes, et au détriment des droits de ses voisins. Le désir d'amasser des provisions, la soif des richesses inventent alors les voies les plus illicites pour se les procurer; c'est alors aussi que la loi du plus fort devient la loi souveraine, pour commettre envers les faibles les injustices, les vexations les plus révoltantes.

Les abeilles d'une ruche forte ne trouvant pas suffisamment des provisions dans la campagne, s'avisent alors quelquefois de voler celles des abeilles des ruches faibles leurs voisines.

Ce pillage s'annonce ordinairement par la confusion et un bruit tumultueux qui règne entre les abeilles pillardes et les abeilles pillées; on les voit sortir en foule de la ruche et y entrer incontinent avec précipitation; elles voltigent autour de la porte, s'en approchent subitement et s'en éloignent de même.

Pour connaître la ruche habitée par les pirates, il faut jeter sur les abeilles qui sortent de la ruche livrée au pillage, de la poudre blanche et suivre la direction qu'elles prennent; et quand on a reconnu la ruche habitée par les corsaires, il faut desuite la transporter loin du rucher; et s'ils reviennent à la charge, il faut les sacrifier, sans ménagement, au repos public. On peut aussi prévenir le pillage en fermant l'ouverture de la ruche attaquée avec une porte grillée, pour en interdire l'entrée aux étrangères et donner aux vraies citoyennes le tems de se venger contre les audacieuses qui n'ont pas respecté leur propriété, et pour ranimer leur courage, il faut leur donner du miel mêlé avec quelque vin généreux ; le lendemain on ôtera la porte grillée pour lui en substituer une autre avec plusieurs trous qui permettent seulement aux abeilles de sortir une à une, afin que si les pillardes se présentent pour forcer le passage, elles puissent les repousser avec avantage.

Nous voyons alors que ce qui arrive dans la société des abeilles, peut être comparé à ce qui arrive aux sociétés humaines : les plus forts, qui ont fait la loi, la reçoivent à leur tour. Les abeilles qui se sont injustement emparées du bien d'autrui, n'en jouissent pas long-tems, la quantité de miel qu'elles prennent avec excès, leur cause des maladies qui dans peu de tems affaiblissent la colonie, et ces abeilles voleuses sont bientôt volées par d'autres qui sont devenues supérieures en nombre et en force.

M. Lombard se refuse à l'idée que les abeilles peuvent se piller entre elles ; il croit que la maladie ou la mort de la reine-mère, ou son infécondité, sont les causes ordinaires de la décadence des ruches qu'on croit pillées. Il est vrai de dire qu'une ruche sans reine, est à la veille d'être abandonnée par ses habitans et bientôt livrée au pillage. Je ne serais pas éloigné de partager l'opinion de ce cultivateur, et je désire qu'elle soit confirmée par des expériences décisives; l'opinion de M. Lombard honore les mœurs douces et paisibles, que je me plais à reconnaître dans le caractère de ces insectes.

PIQ

PIQURE *des abeilles et remèdes.* L'aiguillon dont les abeilles sont armées (voir *Physiologie de l'abeille*), est un fourreau renfermant deux pointes en forme de flèche, qui ne peuvent se retirer de la plaie qu'elles ont faites qu'en entraînant le dernier intestin de l'individu, ce qui lui cause une déchirure toujours mortelle. La douleur aigue, causée par cette piqûre, doit être attribuée aux qualités vénéneuses du fluide renfermé dans une petite vessie, située près de la racine de l'aiguillon. Ce venin est dardé à travers le fourreau en même tems que la pointe de la flèche. La nature de cette liqueur vénéneuse n'a pu être analysée

par les chimistes , à cause de sa petite quantité;
mais les effets que les substances alkalines produisent sur la douleur , prouvent que cette liqueur est essentiellement acide. La chimie a
reconnu que les acides contenus dans beaucoup
d'insectes , étaient très-énergiques ; M. Chaus-
sier a observé que l'acide bombique du ver-à-
soie était contenu dans une petite vessie, située
près de l'anus de la chrysalide; ainsi, cette analogie n'est point étrangère à mon opinion La
douleur cuisante que cause la nature de cet
acide , la tumeur dure qui environne la plaie ,
qui semble être l'effet de la coagulation du fluide
sanguin , enfin le calme qui succède après l'ap-
plication des substances alkalines , sont autant
de preuves qui viennent à l'appui de l'opinion
que j'avance. Si les personnes âgées sont moins
sensibles aux piqûres des abeilles , c'est que
chez elles les propriétés vitales sont moins susceptibles de s'exalter et de s'irriter.

Lorsqu'on a été piqué, l'aiguillon entraînant
avec lui l'intestin rectum de l'insecte, ainsi que la
poche du venin, Swammerdam conseille de ne
point l'arracher , dans la crainte de causer une
plus grande effusion de venin; il faut le couper
avec des ciseaux, presser la plaie , pour en faire
sortir le venin , et la laver de suite avec de l'eau
de chaux vive ou de la cendre mêlée avec de

l'urine : le suc d'oignon calme également la douleur.

Lorsqu'on est près d'un rucher, si une abeille vient vous piquer, il faut supporter patiemment la douleur ; les mouvemens violens, les gesticulations brusques déplaisent aux abeilles, de sorte qu'en voulant les écarter, elles s'irritent davantage et vous assaillissent de plus en plus. Il faut, dans pareille circonstance, avoir recours aux aspersions d'eau ou de poussière pour faire cesser leurs hostilités.

POL

POLICE *des abeilles.* Le spectacle d'une ruche peuplée d'abeilles, est un des plus curieux pour un observateur ; si on est saisi d'admiration pour la régularité, la précision géométrique des ouvrages de ces insectes, l'admiration est à son comble, quand on pense à l'ordre, à l'accord parfait qui règnent parmi ce nombre infini d'individus, tous empressés à concourir à la confection de ces merveilles.

Cette réunion d'abeilles, composée environ de 25 mille individus, est soumise à des règles qui les assimilent en quelque sorte à celles des sociétés humaines, où la police n'est occupée que de ce qui peut intéresser la salubrité et la sécurité publique ; il est à remarquer que les abeilles déposent leurs excrémens toujours loin de leur habitation ; elles prennent un soin particulier à écarter tout ce qui peut altérer la salubrité de son séjour.

Nous voyons (article *Travaux des abeilles*), que les emplois , les fonctions de cette colonie y sont distribués à raison de l'âge et des forces physiques de chaque individu; nous voyons également que parmi les membres de cette société il y en a qui font une garde vigilante à la porte de leur logement , pour en défendre l'entrée à leurs ennemis , et pour donner le signal d'alarme, en cas de quelque apparence de danger éminent : pour se convaincre de cette vérité , frappez quelques coups sur une ruche habitée , à l'instant il en sort les abeilles qui font sentinelle à l'entrée de l'habitation , pour venir reconnaître la cause du bruit : frappez une seconde fois , ces mêmes gardes prendront leur essor pour fondre à coups d'aiguillon sur les personnes ou les animaux qui se trouveront dans le voisinage de leur logement; leur précaution n'est pas moins étonnante lorsqu'il s'agit de prendre des mesures pour opposer des obstacles aux entreprises de leurs ennemis. (*Voir Sphinx*).

POLLEN. Les botanistes appellent *pollen*

cette poussière formée d'un assemblage de petits grains de diverses couleurs qu'on remarque sur les étamines des fleurs et que les
abeilles ramassent pour servir de matériaux
à leurs provisions. L'abondance ou la pénurie
du pollen, répandue sur les fleurs, est proportionnée ordinairement à la quantité plus
ou moins grande de substance miélée qui
suinte dans le nectaire des fleurs et sur la
surface des feuilles des arbres qui abondent
en miélée.

Je pense qu'il ne sera point indifférent au
propriétaire d'abeilles d'avoir quelques notions sur les parties essentielles des plantes
qui lui fournissent, par les bons offices de la
diligente abeille, les moissons intéressantes de
miel et de cire.

Les végétaux croissent, vivent et se multiplient par des organes qui présentent aux
yeux de l'observateur des analogies frappantes
avec ceux qui constituent l'économie vivante
des animaux ; on dirait que l'organisme vé-
getal est modélé sur l'organisme animal ; mais
c'est dans les parties de la génération où
ces analogies deviennent encore plus sur-
prenantes.

Ordinairement c'est dans la fleur où les
parties sexuelles des plantes sont rassemblées

pour opérer l'acte de leurs fécondations ; les parties mâles sont appelées par les botanistes *étamines*, et les parties femelles *pistils*. Leur nombre et leur forme varient à l'infini ; ces parties mâles et femelles s'élèvent du fond de la fleur, qu'on appelle corolle ou calice ; dont la variété des formes et des couleurs forment l'émail de nos champs ; le pistil, ou partie femelle de la plante, sous la forme d'un filet, situé au centre de la fleur, au milieu des étamines, reçoit par l'ouverture pratiquée à son extrémité supérieure, appelée *stigmate*, la poussière fécondante, qui est le *pollen* et qui tombe du sommet des étamines et s'introduit dans l'intérieur du pistil pour féconder les germes placés à sa base.

Le sommet des étamines, appelé *anthère*, paraît au dehors comme un bouton renfermé dans une capsule, que les abeilles déchirent avec les dents, pour s'emparer de la poussière qui y est contenue ; ainsi, on voit que les étamines et les pistils, qui sont les parties sexuelles des plantes, sont les agens immédiats de leur fécondation et de leur multiplication. Les fleurs liliacées présentent l'appareil des parties génératrices des végetaux dans des proportions qui donnent une idée exacte de la forme, du nombre, de la situation et de la différence de ces parties.

On peut aussi considérer les fleurs qui sont le luxe des plantes, comme des apprêts pour assister à la fête des noces qui préside à leur fécondation ; sous ce rapport riant, la corolle formerait le palais où se célèbre la fête, le calice le lit nuptial, et les parties sexuelles feraient les frais agréables et nécessaires à l'accomplissement du mystère de la génération des plantes. Cette manière d'envisager les parties réproductrices des végetaux n'est point imaginaire : si on retranche les étamines, le pistil qui n'a point été fécondé par le pollen est inhabile à conduire le germe qu'il contient à l'état de fructification, et la plante reste stérile.

Il y a des plantes qui portent également des fleurs mâles et des fleurs femelles, comme les courges, les melons ; on ne voit sur d'autres plantes que des fleurs femelles, qui ne peuvent être fécondées que par des plantes qui ne sont pourvues que des fleurs mâles, telles que le chanvre, distingué en plante femelle et en plante mâle ; celle-ci meurt après avoir fécondé la plante femelle, comme il arrive à un grand nombre d'insectes ailés mâles qui meurent aussi après avoir fécondé leurs fe-

melles , tels que les guêpes , les bourdons etc.
Cette observation n'est point étrangère à mon
opinion sur la durée de la vie des mâles abeilles ; elle s'attache aussi à celle qui fait remarquer dans les insectes l'intermédiaire qui
unit le règne végétal au règne animal , dont
les analogies , dans leurs modes de se multiplier, sont si frappantes ; ce sont ces mêmes
analogies qui ont fait voir au célèbre Leibnitz
le monde organique comme une seule chaîne ,
dans laquelle les différentes classes d'animaux,
comme autant d'anneaux qui se tiennent si
étroitement liés les uns aux autres , qu'il est
impossible aux sens et à l'imagination de fixer
précisément le point où ils commencent et où
ils finissent.

Les abeilles ramassent la poussière fécondante des fleurs au moyen des poils dont leur
corps est couvert , et au moyen de divers mouvemens qu'elles exécutent avec les jambes mitoyennes , dont l'extrêmité garnie de poils
longs , forme une espèce de brosse ; lorsqu'elles
viennent se poser sur les fleurs , elles agitent,
par le mouvement de leurs ailes, le sommet
des étamines pour leur secouer la poussière prolifique ; elles ouvrent quelquefois avec les
dents les capsules qui la tient enfermée; c'est
dans ce moment que leur corps, couvert de poils,

reçoit et retient les poussières qui tombent. Si quelques parcelles vont tomber plus loin , elles s'empressent d'aller les saisir avec les dents ou avec les jambes ; d'autres fois elles se roulent en tout sens sur ces poussières ; elles en sont bientôt couvertes et en prennent la couleur ; de sorte qu'une abeille paraît brune en sortant du calice d'une tulipe , et jaune en quittant celui d'une fleur-de-lys. Dans cet état, l'abeille recouverte de pollen , se sert avec une dextérité incroyable des brosses qu'elle porte à l'extrémité des jambes antérieures et mitoyennes pour ramasser sur son corps ces poussières et les faire passer prestement sur le palette triangulaire que nous avons remarquée sur les jambes postérieures. (*Voir Abeille neutre*). Cette petite cavité , entourée de poils , fait l'office de corbeille pour recevoir les grains de cette poussière ; ces grains y sont entassés et retenus , et forment une seule masse de la grosseur d'une lentille , au moyen de plusieurs coups redoublés que les jambes mitoyennes donnent en tapant sur cette masse : elles en forment une pelote , dont la consistance permet de supporter , sans inconvénient, son transport dans l'habitation : ces manœuvres de la part de l'industrieuse abeille , se font si lestement et avec tant de précision , qu'on a du plaisir à les voir opérer dans cette récolte.

Les abeilles savent que l'humidité de la rosée est propre à réunir les poussières des étamines des fleurs, et que lorsque la chaleur du soleil les a desséchées, il est plus difficile de les rassembler, c'est pourquoi elles partent pour la campagne avant le lever du soleil, pour profiter de la fraîcheur du matin : elles ramassent du pollen pendant une grande partie de la journée dans les mois de mars et d'avril, où l'humidité atmosphérique favorise cette récolte ; leurs pelotes, de la couleur des fleurs où elles ont été recueillies, offrent une variété agréable. J'ai vu plusieurs fois, à cette époque, des abeilles munies de deux pelotes de pollen, se plonger dans le nectaire des fleurs pour y puiser du miel. En pressant la bouche de l'insecte, le miel qui en est sorti m'a confirmé dans l'idée qu'il y a des circonstances où les abeilles apportent à l'habitation deux fardeaux de provisions, tant leur ardeur pour le travail est incroyable !

Après que les abeilles se sont ainsi chargées de deux pelotes de pollen, elles se hâtent de retourner dans leur logement pour les déposer dans les cellules destinées à les recevoir ; elles s'accrochent alors par les deux pieds de devant au bord supérieur de la cellule et y font entrer en se courbant la partie postérieure du corps.

25 *

Dans cette situation, elles détachent avec les
jambes du milieu les deux pelotes de pollen
placés sur la palette des jambes postérieures ;
d'autres fois, elles entrent la tête première
dans la cellule, et se débarrassent de leurs fardeaux avec les jambes du milieu ; si elles sont
fatiguées, elles semblent inviter leurs voisines,
par un petit bourdonnement, à venir les aider
à se débarrasser de leur charge.

Ces poussières fécondantes de la couleur des
fleurs, des plantes où elles ont été ramassées,
et qu'on voit emmagasinées dans les cellules
qui composent les rayons, ne forment pas cette
cire désignée sous le nom de *cire brute*, que les
abeilles mettent en œuvre pour la confection de
leurs ouvrages ; elles peuvent servir à faire
partie de cette substance : des expériences nouvelles prouvent que le miel est converti en cire
dans l'estomac de l'insecte, et que le pollen
n'y entre que d'une manière secondaire ; son
principal usage est de servir de nourriture au
couvain et aux besoins de la population ; les
abeilles savent approprier cette substance qui,
sous la forme de gelée, est administrée aux
enfans de la famille encore dans leurs berceaux.

Voici deux expériences faites pour connaître
l'usage que les abeilles font du pollen. *Première expérience :* M. Hubert avait une ruche

vitrée à douze feuillets , dont la reine était inféconde ; les gâteaux ne contenaient point de
pollen , mais ils avaient du miel; le 16 juillet,
M. Hubert fit enlever la reine , ainsi que les
premier et douzième gâteaux dont les cellules étaient vuides et en fit mettre d'autres occupées par des œufs et des vers de tout âge ;
après avoir fait retrancher les alvéoles où l'on
aperçut le *pollen*, la ruche fut fermée avec une
grille ; le 17 , les abeilles paraissaient soigner
les petits ; le 18 , après le coucher du soleil ,
on entendit un grand bruit dans cette ruche ;
on ouvrit les volets et l'on remarqua que tout
était dans le tumulte : le couvain était abandonné , les abeilles rongeaient la grille de leur
clôture ; on les mit en liberté , tout s'échappa;
mais l'heure n'étant pas propice à la récolte ,
l'obscurité naissante et la fraîcheur les obli-
gèrent à rentrer ; elles remontèrent sur les
gâteaux; l'ordre parut rétabli , la ruche fut
renfermée ; le 19 , on vit deux cellules royales
ébauchées ; le soir du même jour et à la même
heure que la veille , le tumulte recommença ;
on laissa échapper l'essaim ; il rentra et la ruche fut fermée ; le 20 , cinquième jour de leur
captivité , on voulut examiner le couvain et
voir quelle était la cause de l'agitation périodi-
que de ces abeilles. On transporta la ruche dans

une chambre dont les fenêtres étaient fermées;
on donna la liberté aux abeilles, et l'on vit que
les cellules royales n'avaient point été continuées ; on ne trouva ni œufs, ni vers, et pas
un atôme de gelée qui sert d'aliment aux larves:
tout avait disparu ; ces vers étaient donc morts
de faim; cela venait-il de la suppression du pollen? Il suffisait, pour s'en convaincre, de rendre
le pollen et de voir ce qui arriverait.

Deuxième expérience: On fit entrer les abeilles dans leur prison, après avoir substitué des
nouveaux rayons contenant des œufs et des
jeunes vers, à la place de ceux qu'elles avaient
laissé périr; le **22**, on reconnut que les abeilles
avaient lié leurs gâteaux, et qu'elles étaient
sur le nouveau couvain ; on leur donna alors
quelques fragmens de rayons, où d'autres ouvrières avaient emmagasiné du *pollen ;* on en
prit encore dans quelques cellules et on le posa
à découvert sur la table de la ruche ; au bout
de quelques minutes, les abeilles prirent de ce
pollen, le mangèrent avidement, se posèrent
sur les cellules des jeunes vers, y entrèrent la
tête première et y restèrent plus ou moins long-
tems. On ouvrit doucement la ruche, on pou-
dra les abeilles qui mangeaient le *pollen,* et
on vit que les abeilles poudrées retournaient au
pollen, revenaient au couvain et entraient dans

les cellules des jeunes vers ; le **23**, on vit dés
cellules royales ébauchées ; le **24**, on reconnut
que tous les vers avaient de la gelée, comme
dans les alvéoles ordinaires, que des vers
avaient été enfermés nouvellement, que les
cellules royales avaient été prolongées ; le **26**,
deux cellules royales avaient été formées pendant la nuit ; le **27**, la liberté fut rendue aux
abeilles : on trouva de la gelée dans les cellules
qui contenaient encore des vers ; mais le plus
grand nombre avaient été fermées d'un couvercle
de cire; on en ouvrit plusieurs, et on trouva les
vers occupés à filer leur coque. Après cette
épreuve, on ne pouvait plus douter que le
pollen ne fût l'aliment qui convient aux petits
des abeilles et que ce fut le défaut de cette matière qui avait causé leur mort et l'angoisse si
évidente de leurs nourrices pendant leur première captivité. Voyez le **25**ᵐᵉ volume de la
Bibliothèque Britannique.

Dans nos contrées, où l'on n'a jamais eu
connaissance de ces belles expériences, qui
prouvent si positivement l'usage du *pollen*,
on appelle en langue vulgaire le *pollen la*
menjusse, pour exprimer que la poussière des
étamines des fleurs, sert au *manger* des abeilles et de leurs petits.

D'après ces considérations sur les usages du

pollen et du miel; on voit que la nature a versé à pleines mains ces deux substances sur la végétation; ces sucs épurés provenant de la sève, remplissent dans la vie des végétaux des fonctions analogues à celles que le fluide sanguin remplit dans la vie organique des animaux; ils sont les principes de leur accroissement et de leur propagation; enfin, le principe des matières qui fournissent les provisions nécessaires aux abeilles.

Si, donc, la quantité de miel et de pollen que les abeilles récoltent pour nos usages, est si universellement répandue dans le monde végétal, pourquoi faut-il voir avec regret, que les moyens usités pour faire prospérer ces insectes sont si peu proportionnés à la masse des matériaux qu'ils peuvent ramasser. En effet, ce qui se consume des poussières des étamines, dans la génération des plantes, n'est rien en comparaison de ce que chaque fleur en fournit; et rien absolument en comparaison de ce que les abeilles pourraient en retirer pour l'utilité de leurs cultivateurs : cette idée me confirme que la partie économique des abeilles n'a point été considérée sous ses véritables points de vue et qu'elle était susceptible d'être traitée d'après un système plus rationnel, plus conforme au naturel de ces insectes et plus proportionné à la

quantité des matériaux qui peuvent servir de
provisions pour leurs usages et pour les nôtres.

PON

PONTE *des abeilles.* Nous avons remarqué
(*voir Anatomie physiologique de l'abeille*),
que les ovaires sont des organes qui sécrétent
des sucs les plus épurés de la masse du fluide
sanguin, les élémens qui doivent produire les
germes qui, sous la forme de petits grains
réunis en grappes, deviennent successivement
autant des petits œufs. L'organisation de ces
œufs, soumise à l'action générale de l'organisme de l'individu, suit dans son développement
les divers modes d'accroissement et de perfectionnement individuel. Dans le premier mode,
ces germes, ces œufs, sans la participation
fécondante du mâle, comme il arrive dans le
développement des œufs de la poule vierge,
parvenus à un certain accroissement, se détachent du corps des ovaires et le vuide qu'ils
laissent est rempli par la germination d'autres
germes ; dans le second mode, le produit des
ovaires, c'est-à-dire, ces œufs reçoivent du
fluide fécondant du mâle, toute la perfection
dont ils ont besoin pour parcourir les périodes
d'accroissement corporels, et jouir ensuite des

facultés physiques attachées à leur existence.

Les œufs de la femelle ayant été fécondés par le fluide fécondant du mâle, sont expulsés en dehors des parties génératrices de la femelle, suivant l'ordre naturel dans lequel ils se sont successivement développés.

Quarante-six heures après la fécondation, la femelle abeille commence ordinairement sa ponte ; cette ponte, comme nous avons remarqué (*voir Fécondation*), est suspendue pendant l'hiver, et prodigieuse pendant la belle saison. M. De Réaumur a calculé que l'abeille femelle peut pondre, pendant la saison des fleurs, environ deux cents œufs chaque jour, et près de cinquante mille dans le cours d'une année, ce qui forme trois ou quatre essaims, produit ordinaire d'une ponte annuelle, chaque essaim étant composé d'environ quinze mille individus.

Pour se convaincre de la fécondité merveilleuse de l'abeille femelle, il faut, dans le tems qui précède un peu la ponte, ouvrir son ventre, on apercevra à la vue simple, et près les parties génitales, des petits corps ronds, nommés ovaires, sous la forme de petites grappes de grains longuets, dont la grosseur devient toujours plus sensible à mesure qu'ils se rapprochent de l'endroit qui doit faciliter leur issue hors des parties génitales. Avec le secours d'une loupe ou d'un microscope, on pourra distinguer dans des proportions curieuses, la quantité innombrable de petits grains plus ou moins développés que les parties génératrices de l'abeille femelle doivent mettre au jour.

L'abeille mère, pressée de déposer ses œufs, commence à parcourir lentement les divers rangs de cellules : elle parcourt avec la même attention les cellules royales, comme celles qui doivent servir à élever les mâles ; c'est alors que plusieurs abeilles ouvrières s'arrangent en cercle autour d'elle pour l'accompagner partout où elle va ; sans doute, que leur présence peut être de quelque secours à une mère en travail d'une si grande progéniture, et qu'elle peut sans doute, en même tems, augmenter la chaleur qui favorisera l'issue de la ponte des œufs. L'abeille mère, suivie de ce cortège officieux, visite les cellules des rayons ; elle y entre la tête première, examine l'état où elles se trouvent ; si elle reconnaît qu'elles sont vuides et bien propres, et qu'elles lui conviennent, elle ne fait que se tourner pour y introduire la partie postérieure de son corps ; elle s'y enfonce en reculant jusqu'à ce qu'elle en touche le fond ; c'est dans ce moment qu'elle pond un œuf, qui s'applique par un de ses bouts à l'angle du fond pyramidal de la cellule : pendant

26

ce tems, le groupe d'abeilles qui assistent à la
ponte de la reine, lui prodiguent les soins les
plus empressés ; elles lui présentent du miel
au bout de leurs trompes, la caressent avec
l'extrémité de leurs antennes ; lorsque la femelle a pondu un œuf, ce qui est fait dans
l'instant, elle sort de la cellule, entre dans
une autre pour y pondre avec la même cérémo-
nie ; elle s'en va ainsi de cellule en celllule,
en continuant sa ponte dans les cellules royales
et dans celles qui doivent élever les vers des
différentes sortes de mâles.

L'abeille femelle ne dépose ordinairement
qu'un œuf dans chaque cellule, qu'elle arrange
toujours de la même façon ; mais il arrive quelquefois que, pressée de se débarrasser de ses
œufs, qui peuvent dans ce cas être collés entre
eux, au lieu d'en pondre un seul, elle en pond
involontairement deux, trois, quatre dans la
même cellule ; dans cette circonstance, il est à
remarquer que quelque tems après, il n'en
reste plus qu'un dans chaque cellule : les ouvrières viennent, sans doute, visiter le fond
des cellules, et comme l'instinct leur apprend
que deux vers ne peuvent prendre un accroissement parfait dans le même berceau, elles enlèvent l'œuf qui est de trop. M. De Réaumur
a remarqué qu'il y a souvent deux œufs dans

la même cellule lorsque, par exemple, les ouvrières, en trop petit nombre dans une ruche, n'ont pas eu le tems de construire un nombre suffisant de cellules pour recevoir la quantité d'œufs que l'abeille mère doit mettre au jour ; ce savant avoue qu'il n'a pu découvrir ce qu'elles font des œufs qu'elles enlèvent des cellules où il y en a plusieurs ; il est à présumer que les neutres transportent ces œufs surnuméraires dans des cellules vuides, ou hors de la ruche, dans la crainte que leur corruption pût devenir nuisible à la salubrité de leurs logemens.

Les œufs que l'abeille mère dépose dans les cellules, ont une longueur égale à cinq à six fois leur diamètre ; ils sont appuyés au fond de l'angle pyramidal de la cellule, par un de leurs bouts, où il est collé par une humeur gluante dont ils sont enduits : leur position est presque horizontale ; ils sont constamment un peu courbés et ont un de leurs bouts plus gros que l'autre, c'est celui qui est fixé à la base de la cellule : leur couleur est d'un blanc bleuâtre ; leur enveloppe est molle et flexible, et permet de se plier presque en deux ; quand on les considère au microscope, ils paraissent, suivant l'expression de Swammerdam, couverts d'écailles. (*Voir Couvain*).

Ponte viciée. Ce défaut dans la ponte des abeilles, peut arriver lorsque la femelle a reçu le mâle dans un tems impropre à l'accomplissement de l'acte de la génération ; dans cette circonstance, le nombre, la différence de sexe dans les individus qui composent la peuplade n'étant point dans les proportions qu'exige l'économie de la colonie, les abeilles désertent alors leur ménage, qui ne saurait leur offrir les ressources nécessaires à leur conservation et à leur multiplication, heureusement que ces cas sont rares.

Dès qu'on s'aperçoit que la ponte est viciée et que sa corruption détermine les abeilles à quitter leur habitation, il faut se hâter de couper tout ce qui est susceptible de leur déplaire: on parfume la ruche, on donne aux abeilles un sirop aromatique. Si ces moyens ne produisent point l'effet désiré, il faut se décider à faire passer les abeilles dans une autre ruche pour avoir l'espoir de les conserver. (*Voir Essaims faibles et tardifs*).

PRO

PROPOLIS. Cette substance, qu'on trouve dans l'intérieur du logement des abeilles, a été nommée *propolis*, mot dérivé du grec, qui veut dire avant la ville, pour désigner que les abeilles en enduisent l'intérieur de leurs habitations et en font une espèce de circonvalation autour de leurs édifices : cette matière est différente de la cire et du miel ; c'est une espèce de résine, couleur d'un brun rougeâtre, répandant une odeur agréable, lorsqu'elle est échauffée, et d'une consistance plus ou moins dense. Les anciens, à qui ces différences n'avaient point échappé, reconnaissaient trois sortes de propolis, auxquelles ils avaient donné des noms particuliers.

Par la distillation, on obtient de cette substance une huile essentielle, très-suave, répandant une odeur aromatique ; dissoute dans l'esprit de vin, ou dans l'huile de thérébentine, elle pourrait servir à donner différentes couleurs à certains métaux, à être appliquée sur des ouvrages en bois : les médecins emploient la propolis pour ajouter des qualités digestives à leurs topiques.

Les abeilles se servent de la propolis pour fermer les fentes reconnues inutiles de leurs logemens, et boucher celles qui pourraient faciliter l'entrée de leurs ennemis, et aussi pour rétrécir l'ouverture de leurs ruches, afin de diminuer l'influence de l'air atmosphérique pendant la saison de l'hiver ; enfin, les abeilles

emploient de la propolis dans d'autres circonstances qui prouvent toute l'étendue de leur
prévoyance. M. Maraldi vit un jour un gros
limaçon qui eut la témérité d'entrer dans une
ruche ; l'imprudent animal fut bientôt mis à
mort par les abeilles, mais tous leurs efforts
devenant inutiles pour traîner hors de la ruche une masse si disproportionnée à leurs forces, et dont la corruption aurait pu nuire à la
salubrité de leurs habitations, dans cette circonstance critique, les abeilles eurent recours
à leur propolis : elles mastiquèrent le cadavre de
leur ennemi et l'embaumèrent comme une mo-
mie. Il y a des faits particuliers dans les procédés des animaux, qui vous porteraient à croire
qu'ils agissent, dans certaines circonstances,
comme s'ils étaient inspirés par des facultés qui
semblent n'appartenir qu'à la vie intellectuelle.

La récolte de la propolis se fait de la même
manière que celle du pollen : les abeilles, en la
ramassant, la placent en petites pelotes dans les
palettes triangulaires de leurs jambes postérieures ; arrivées dans la ruche, les jambes mitoyennes qui ont servi à les former, servent à
détacher ces petites masses de propolis : quelquefois elles sont aidées dans cette opération
par d'autres abeilles, qui de suite la mettent en
œuvre pour les emplois que nous avons précédemment désignés.

C'est sur les bouleaux, les pins, les sapins, les ifs, généralement sur les arbres résineux, que les abeilles vont à la recherche de la propolis; on les a vues enlever le mastic dont on se sert pour la greffe des arbres. J'ai vu une abeille, dans la saison du printems, qui s'insinuait dans un trou pratiqué par une vrille dans une porte de bois de pin; ayant marqué en noir, à l'esprit de vin, cette abeille, elle parut le lendemain à la même heure et se conduisit comme le jour précédent, se présentant en reculant et chargée du butin de résine qu'elle avait ramassée dans le trajet du trou : J'ai observé que cette abeille, ainsi marquée, a répété pendant cinq jours consécutifs la même manœuvre.

On voit, par les usages que les abeilles font de la propolis, que la récolte de cette matière est indispensable dans beaucoup de circonstances, et qu'elle exige des courses lointaines et des travaux fatigans : le tems qu'elles emploient à boucher les issues nuisibles auxquelles les ruches ordinaires les exposent, est un tems perdu pour le profit des propriétaires; ce tems pourrait être employé à la récolte du miel et du pollen. C'est pour obvier à ces inconvéniens, que la construction de mes loges dispense les abeilles de ces soins fatigans; la régularité

de leurs entrées , la solidité de leurs parois et
des enduits qui les retiennent , n'exigent point
l'emploi de la propolis ; c'est ainsi que son
économie procure une récolte plus abondante
de provisions.

P O U

POURGET. Le cultivateur d'abeilles , appelle *pourget* une espèce de mortier qu'il compose avec une égale quantité de cendre , ou
charrée, passée à un gros tamis, et de la bouse
de vache , ou de crotin, à laquelle on ajoute un
quart de chaux éteinte ; on mêle le tout ensemble , avec un peu d'eau , pour en faire une espèce de mortier. Le ciment , dont M. l'Abbé
De Rosier donne la composition dans son *Dictionnaire d'Agriculture* , ne se ramollit point
à la pluie , comme la terre grasse, et ne se détache point de la ruche par la sécheresse,
comme la bouse de vache toute seule , ou mêlée
avec de l'argile. Les ruches dont les matériaux
exigent l'emploi du pourget, doivent être
mouillées avant d'en être enduites ; on se sert
d'une spatule en bois , pour que cette matière
s'insinue dans toutes les inégalités de la ruche ,
qu'on expose ensuite aux rayons du soleil d'été,
afin qu'elle sèche plus promptement. Ce mor-

tier sert aussi à boucher les fentes des ruches
en bois et en liège, ainsi que l'espace qui se trouve
entre la ruche et le support qui la soutient, ce
qui les garantit des rigueurs du froid et de l'accès d'un grand nombre d'animaux avides de
leurs provisions.

POUX. Les vieilles abeilles sont sujettes à
une espèce de poux ; ce petit insecte est rougeâtre et de la grosseur de la tête d'une épin-
gle. On serait d'abord tenté de le prendre pour
un grain de cire, lorsqu'on le regarde au microscope, il paraît couvert de poils, et son corps
est luisant et écailleux, de même que les six
jambes qui le portent ; on croirait qu'il est
sans tête, parce qu'étant repliée par-dessous,
elle ne paraît point ; mais quand on l'examine
avec attention, on s'aperçoit qu'elle est terminée par une pointe, qui est sans doute la trompe
de l'animalcule. Cet insecte se place sur le cou
des abeilles, à la naissance des ailes et quelquefois sur les jambes ; il introduit sa trompe
dans leurs articulations : plusieurs auteurs
prescrivent de les détruire avec de l'urine ou
de l'eau-de-vie ; la fumée, employée à propos,
sans nuire aux abeilles, serait préférable.

QUALITÉS *du miel.* (*Voir Manipulation du miel, Rucher*).

RAT

LE RAT, la souris, le mulot, le campagnol, la musaraigne, sont des animaux qui ont à peu près les mêmes appetits; ils sont omnivores; le rat est le plus gros; la musaraigne, qui a le museau pointu comme celui d'une taupe, est le plus petit. En été, les abeilles savent se préserver de ces animaux: mais, peu vigoureuses en hiver, elles s'en laissent attaquer sans se défendre; lorsqu'ils parviennent à s'introduire dans les ruches, ils brisent les gâteaux, mangent le miel et les abeilles: ils s'accommodent de tout; si on les laissait faire, dans très-peu de tems le rucher serait ruiné. Il faut, dans ces cas, user de toute sorte de moyens pour détruire ces animaux malfaisans, placer convenablement des souricières, des pièges et des appas empoisonnés pour s'en délivrer entièrement.

RATAFIA *au miel.* (*Voir Sirop du miel*).

REN

RENARD. Cet animal est connu par ses

ruses ; il se conduit avec autant de hardiesse
que de prudence quand il ose attaquer les
abeilles ; lorsque la chasse qu'il fait aux volailles et aux lapins ne suffit pas à sa subsistance ,
c'est alors qu'il rode autour des ruchers pour
assouvir la faim avec du miel ; il renverse les
ruches , les abeilles à l'instant fondent sur lui;
son corps en est couvert ; il se retire à quelque
distance , se roule sur la terre pour les écraser;
alors il retourne à la charge ; c'est ainsi qu'en
diminuant le nombre de ses ennemis , il les
force à lui abandonner le fruit de leurs travaux.
Lorsqu'on s'aperçoit des dégâts causés par le
renard , il faut tâcher de le détruire par un
coup de feu, ou dresser des pièges pour en faire
justice. Les logemens que j'ai construits à mes
abeilles , ne m'ont jamais inspiré la moindre
crainte contre ces animaux. (*Voir Apié*).

ROU

ROUGET. On entend par cette expression,
une certaine quantité de pollen mis en provision par les abeilles dans des alvéoles , où il a
pris une consistance impropre à l'usage qu'elles
en font ordinairement. Les abeilles emploient
beaucoup de tems pour écarter de leurs magasins les matières qui leur sont nuisibles ; de

sorte que lorsque l'on reconnaît qu'il y a beaucoup de rouget dans une ruche, il faut l'extirper de la même manière qu'on retranche les rayons moisis ou infectés de teignes, ou de couvain avorté.

RUC

RUCHE. On appele ruche un vaisseau de différentes formes, servant à loger les abeilles domestiques. Depuis l'époque reculée ou l'homme conçut l'idée de s'approprier le fruit de leurs travaux, la forme de leur logement n'a subi que des changemens peu importans et peu susceptibles d'améliorer leur partie économique ; le climat et les productions des pays que les abeilles habitent, ont seulement apporté quelques modifications dans l'emploi des matériaux qui servent à la construction de leurs logemens.

Dans les pays du Nord, les ruches sont construites en bois et placées de manière qu'elles sont à l'abri des attaques de leurs ennemis ; dans les contrées méridionnales, les abeilles vivant dans une température douce et égale, exigent moins de précautions pour les préserver de l'action des vissicitudes atmosphoriques et de la voracité des bêtes fauves.

Dans le nord de l'Europe, on coupe des tronçons d'arbres, on les creuse intérieurement pour y loger les essaims d'abeilles ; dans les pays qui abondent en bois de sciage, on assemble plusieurs planches pour en former une ruche carrée ; dans les contrées où il y a beaucoup d'arbustes, on donne aux ruches la forme de panier ; les habitans des côtes de la Méditerranée enlèvent l'écorce des chênes-lièges pour en former le logement des abeilles; enfin, dans la plus grande partie des pays où l'on cultive ces insectes, on construit les ruches avec de la paille de seigle et autres céréales, ou avec des joncs.

Tels sont les matériaux qui servent en général à la construction des logemens des abeilles domestiques. Nous ferons la description de chaque ruche en particulier, en indiquant la manière de les construire ; nous parlerons des modifications que plusieurs cultivateurs ont tenté de leur faire subir ; nous apprécierons en même tems les avantages et les désavantages attachés à leur usage ; nous ferons connaître ensuite les ruches que les curieux et les savans ont inventées pour observer ce qui intéresse l'histoire naturelle de ces insectes ; nous finirons enfin par faire connaître la supériorité des avantages de mes *loge-abeilles*, sur l'usage des ruches usitées dans tous les pays.

Les ruches en général peuvent être divisées en simples et en composées ; les premières sont d'une seule pièce, les secondes sont composées de plusieurs ; le plus souvent ces différences deviennent nulles dans la pratique de la culture des abeilles ; le principal avantage d'une ruche est de procurer aux abeilles un logement sain et commode ; car une saison propice à la sécrétion du miel serait perdue pour leurs provisions si elles n'ont point un logement capable de les recevoir. Une peuplade d'abeilles, logées dans une ruche qui n'a pas les dimensions requises, se trouve tout à coup au milieu d'une belle floraison, comblée de provisions et de couvain ; dans cet état, elle est obligée de jeter des essaims faibles, qui périront aux approches de l'hiver ; au lieu qu'une ruche commode, susceptible de se prêter à recevoir l'abondance des provisions répandues dans la campagne, les abeilles ainsi logées se multiplient, comme nous l'avons observé, à raison de l'abondance des récoltes, et les essaims qu'elles produisent sont plus vigoureux et mieux en état de résister aux rigueurs de l'hiver.

Parmi les ruches simples *(voir Ruche sau-*

*vage ou en bois , Ruche en planches , Ruche
d'osier, Ruche de chêne-liége, Ruche en paille)*;
parmi les ruches composées *(voir Ruche à hau-
che , Ruche de MM. de Palteau, de Massas,
de Boujugan, de Carne, de Blangy , de Widman , de Gelieu , de M. Lombard)* ; parmi
les ruches que les curieux ont inventées *(voir
Ruche vitrée de M. Hubert , de MM. Bon-
delu du Coudrai, ruche à l'air libre , Ruche
à verre optique, dont je me sers pour avoir
l'agrément de voir les abeilles et leurs ouvrages
dans des proportions curieuses. Voir aussi loge-
abeilles.*

Ruche sauvage, ou en bois. Lorsque l'homme
voulut s'approprier le produit des abeilles ,
sans doute qu'il façonna une demeure conforme
à celle que ces insectes habitent dans les creux
des arbres des forêts ; il coupa le tronçon d'un
arbre , le creusa intérieurement et ferma l'ouverture par une coulisse à laquelle il laissa
un passage pour les abeilles , et après qu'il
eut introduit dans ce logement un essaim , il
le plaça dans une position convenable ; telle
paraît être l'origine des premières habitations
que l'homme a procurées aux abeilles. Cette
forme de ruche de différentes capacités et d'une
seule pièce , est encore en usage parmi les habitans du nord de l'Allemagne , de la Pologne

et de la Russie ; cette ruche est garnie sur les côtés, vers sa partie supérieure, de crochets en fer , au moyen desquels elle est suspendue par des liens d'écorce aux branches des arbres. Les avantages des ruches suspendues à des arbres sont d'être à l'abri de la voracité des bêtes fauves, qui vivent en grand nombre dans les pays du Nord ; elles sont aussi hors de la portée des rats , des mulots, etc., et des reptiles ; cette position les met aussi hors d'état d'être ensevelies sous les tas de neige qui couvrent ces contrées pendant une partie de l'année. La dépouille de ces ruches champêtres s'opère en faisant glisser la coulisse qui couvre l'ouverture qui a servi à creuser l'intérieur du tronçon de l'arbre qui a formé la ruche.

La construction des ruches en bois , leur conservation , les difficultés qui naissent des moyens de les tenir suspendues , exigent un travail et une surveillance assidue. L'intensité du froid des régions septentrionales agit plus puissamment sur des ruches suspendues, que si elles étaient placées dans quelques lieux abrités. Malgré ces défauts de culture , le revenu des abeilles offre de grandes ressources aux habitans du Nord ; les relations des voyageurs dans ces contrées nous assurent qu'outre la quantité de cire et de miel qu'on emploie pour l'éclairage et les boissons ordinaires des habitans, ils en vendent annuellement aux étrangers pour plusieurs millions pesans. Dans les pays du Nord, les étés y sont courts, mais pendant ces tems les abeilles y vivent dans l'abondance ; la miélée qui suinte pendant cette courte saison des feuilles de pins, de sapins, de mélèses, de thérébinthes et autres arbres résineux qui peuplent les vastes forêts de ces pays, offrent aux abeilles des riches moissons, qui les mettent bientôt en état de combler leurs magasins.

Si dans ces contrées fortunées pour la prospérité des abeilles, leur culture était mieux entendue, si les avantages d'un système qui obvierait aux inconvéniens de l'ancienne méthode, étaient appréciés, les propriétaires de ces pays si propices à ces insectes, retireraient des revenus plus lucratifs ; l'établissement des apiés champêtres, tels que j'en ai fait connaître les avantages, offriraient des ressources proportionnées à l'abondance des miels et des cires que ce sol heureux leur prodigue.

Les abeilles logées de la manière que j'indique, sont inaccessibles aux attaques de leurs ennemis; elles ne courent pas le risque de succomber par l'âpreté du climat, et leur lo-

gement ne peut être enseveli sous des tas de
neige et nullement exposé aux effets nuisibles
des humidités des tems nébuleux et des pluies,
qui règnent pendant une grande partie de
l'année dans ces régions. J'ose espérer que
tous ces grands avantages, si exempts des
inconveniens attachés aux anciennes cultures,
seront généralement appréciés et adoptés dans
tous les pays où l'on cultive les abeilles.

Ruche en planche. Dans les pays qui abondent en bois de haute-futaie, où les planches de sciage sont à bon compte, le propriétaire d'abeilles construit ses ruches avec
des planches d'un pouce d'épaisseur environ,
avec du bois de chêne, de châtaignier, de
noyer, de pin, de sapin, de saule etc. Ces
ruches sont ordinairement de forme carrée,
pentagone, hexagone et quelquefois de forme
conique ; ses dimensions varient ; elles sont
ordinairement de quinze à vingt pouces de
hauteur, de neuf à douze de largeur ; ces
planches sont assujetties entr'elles par des
clous ou des chevilles, ainsi que le dessus,
qui est fermé par une planche qui déborde
le diamètre de la ruche, pour rejeter hors
de son corps les eaux pluviales. On pratique
au bord inférieur de la face antérieure de la
ruche plusieurs trous triangulaires, pour li-

vrer passage aux abeilles ; ces ruches doivent être placées sur des supports en bois, ou sur des bancs construits en maçonnerie ; le dessus doit être recouvert par une pierre applatie, ou par des tuiles, ou par une large brique qui puisse garantir la ruche de l'humidité des pluies et de l'action du froid et du chaud ; on a soin de placer dans l'intérieur de la ruche deux bâtons en croix, pour soutenir les gâteaux lorsqu'ils seront remplis de provisions.

Les avantages des ruches en planches sont préférables à ceux des ruches en paille ; elles sont d'une construction plus facile et résistent davantage à l'action de l'humidité des eaux des pluies et des rosées ; mais il est prouvé que les planches de toute sorte de bois se détériorent par l'effet des intempéries des saisons ; le chaud, qui succède à l'humidité, détermine des efforts qui éventent les jointures des planches qui forment la ruche, ainsi que leur support ; d'ailleurs, la chaleur de l'été, en pénétrant ces matériaux, augmente celle de l'intérieur de la ruche et peut donner lieu à la fonte des provisions qu'elle contient ; ces ruches sont exposées à tous les dangers de celles qui sont placées en plein champ.

Ruche d'osier. Ces ruches, qui ont une forme conique, se construisent au moyen des procédés et des matériaux que le vanier emploie pour faire des paniers ; leurs dimensions varient suivant les pays ; ordinairement elles ont vingt pouces de hauteur et dix à quinze de largeur à leur base. Après avoir disposé la quantité de tiges d'osier nécessaires à la ruche qu'on veut construire, on coupe une pièce de bois dur, de forme ronde, de quatre à cinq pouces de longueur et de trois pouces de diamètre ; on pratique à une de ses extrêmités, sur toute sa circonférence et sur la même ligne, des trous au moyen d'une vrille d'une épaisseur égale aux tiges d'osier qu'on veut employer ; ensuite on enfonce dans chaque trou la grosse extrêmité des tiges choisies parmi les plus longues et les plus fortes ; on réunit les extrêmités des tiges en faisseau, qu'on lie ensemble, en leur donnanant en même tems la forme que la ruche doit conserver ; après on entoure, près de la pièce de bois les premières tiges, et qu'on entrelace alternativement de dehors en dedans et de dedans en dehors, autour des tiges qui font la charpente de la ruche ; les tiges d'osier, ainsi mises en œuvre, sont remplacées par d'autres à mesure qu'elles sont

employées ; on a soin de frapper un peu rudement sur l'ouvrage avec un bâton court,
à mesure qu'il avance, afin de lui donner
plus de solidité ; lorsque la ruche a les dimensions requises, on réunit les extrêmités
des tiges superflues à l'ouvrage, pour en
former un rouleau qui termine son bord et
le fortifie ; on retranche ensuite les extrêmités des tiges dont la petitesse n'a pas été
jugée nécessaire à l'ouvrage.

Dans les pays où les planches sont recherchées, le propriétaire d'abeilles doit utiliser les tiges d'arbustes qui abondent dans
son pays pour construire ses ruches ; mais
les différens résultats sont très-sensibles. Ces
ruches doivent être enduites de plusieurs couches d'argile ou de mortier, composé avec
suffisante quantité de chaux vive et de sable
criblé, qu'on a soin de faire sécher dans un
endroit frais, hors de l'action des rayons
solaires, quipourraient hâter sa dessication et
favoriser son découlement ; malgré ces précautions, ces ruches sé trouvent en partie à
nud par l'intempérie des saisons, si le propriétaire ne réparait les brèches que l'humidité et la gelée peuvent occasionner sur
ces sortes de matériaux. Ces ruches doivent
être placées sur des supports en bois et affu-

blées d'un surtout en paille de seigle pour
les garantir de l'influence du chaud et de
l'humidité ; elles sont exposées aux inconvéniens qui naissent de leur position , à la
merci des craintes et des dangers des ruches
placées en campagne.

Ruche en écorce de liége. Ces ruches ne
sont employées que dans les pays méridio-
naux de l'Europe , où le chêne-liége abonde
près les montagnes qui longent le littoralde
la Méditerranée. Elles se construisent avec
plusieurs pièces d'écorce de ce bois , assujetties entr'elles au moyen de chevilles. Leurs
dimensions sont subordonnées à la longueur
et à l'épaisseur des écorces ; elles sont ordinairement de quinze à dix-huit pouces de
hauteur et de dix à quinze de largeur ; étant
exposées aux vicissitudes atmosphoriques, elles
ont besoin d'être recouvertes d'une pierre
applatie , suffisamment large pour rejeter les
eaux pluviales et les garantir des ardeurs du
soleil ; elles doivent être placées sur des
pierres de même dimension. Les habitans des
pays voisins de la Méditerranée enlèvent
l'écorce des chênes-liéges pour en construire
les ruches , qu'ils vendent aux marchés, pour
le prix de 30 sols la pièce.

Les avantages que ces ruches offrent aux

cultivateurs sont peu différens de ceux des ruches en bois et en paille, ainsi que leurs désavantages. Le prix de ces ruches semble augmenter depuis que le commerce recherche le liége pour des nouveaux emplois ; l'écorce de cet arbre étant fongueuse, le tems, l'humidité extérieure et intérieure la détériorent insensiblement; elle est aussi susceptible d'être rongée par des insectes, ce qui, dans la suite, sert de retraite aux fausses teignes ; enfin, j'ai remarqué que le dessus applati de ces ruches, cédant à la pesanteur des rayons de miel qui y sont attachés, forme intérieurement une espèce de cul de lampe qui, en servant de conducteur aux vapeurs qui s'élèvent dans les ruches, les fait tomber vers le centre, qui est ordinairement le siège du couvain, et procure son avortement et sa corruption.

Ruche en paille. L'usage de ces ruches est plus généralement répandu, à cause de la facilité de se procurer la paille des plantes céréales qui croissent partout. Elles ont ordinairement la forme conique et les dimensions des ruches ordinaires.

Quand ou veut construire ces ruches, il faut faire une ample provision de paille ; celle de seigle sera préférée à cause de sa longueur;

pour la mettre en œuvre, il faut la mouiller
et la battre sur un corps rond sans la bri-
ser; on la secoue de tems en tems pour faire
tomber les pailles courtes; on prend ensuite
une petite poignée de cette paille longue,
on en forme un rouleau qu'on retient fortement avec des liens d'osier de tonnelier ou
de tiges de genêt.

Pour avoir un diamètre uniforme, quand
on veut construire une ruche en paille, on
forme une croix avec deux bâtons de douze
pouces de longueur chaque; on fixe avec un
clou, à l'extrémité des bâtons en croix, le
rouleau de paille, auquel on donne une circonférence égale, pour le tourner en spirale
jusqu'à la hauteur qu'on veut donner à la
ruche, bien entendu qu'on doit entretenir
progressivement le rouleau dans les mêmes
proportions, en lui insinuant des brins de
paille à mesure qu'il s'amincit; bien entendu
aussi qu'on assujettit les tours du rouleau en
spirale les uns sur les autres, au moyen des
liens qu'on y applique en traversant horizontalement le poinçon qui en est garni dans
le rouleau inférieur, en le tirant fortement
à soi; lorsqu'on est parvenu à la partie convexe de la ruche, au lieu de continuer à plonger le poinçon horizontalement, on l'enfonce

un peu obliquement dans le milieu du rouleau inférieur , afin de retenir le rouleau supérieur dans la forme bombée qu'on veut lui donner ; en terminant le dessus de la ruche , on a l'attention de laisser dans le milieu une ouverture pour recevoir la pièce de bois pointue qui doit soutenir le surtout en paille , dont ces ruches ont besoin d'être recouvertes ; cette pièce de bois , en forme de flèche , de la longueur de sept à huit pouces , sera fixée dans sa position par deux chevilles , dont une la retient intérieurement et l'autre extérieurement. Ces ruches doivent être enduites d'une pâte faite avec de la chaux-vive , du crotin et de la cendre (*voir Pourget*) ; elles doivent être placées sur des supports en bois , ou sur des bancs construits en maçonnerie et couverts d'un surtout en paille de jonc.

Pour faire un surtout , il faut prendre cinq à six poignées de paille , les épis tournés en haut , et on les lies séparément ; on réunit ensuite ces différentes poignées en faisseau , en les liant fortement à leur extrémités avec une corde ou un fil de fer dont on tord les deux bouts ; on arrondit la tête du surtout , on l'ouvre et on le fixe sur la flèche qui domine le couvert de la ruche ; on assujettit les brins de paille avec un cerceau ou un lien

28

à l'entour de la ruche ; on recouvre le tout avec un pot de terre.

L'usage des ruches en paille est sujet aux inconvéniens des autres ruches : elles exigent des soins asssidus pour veiller à leur conservation et aux réparations de l'entretien des surtouts et des supports ; elles sont exposées aussi à être incendiées par la malveillance , ou par inadvertance , en employant la fumée pour faciliter leur dépouille ; leur volume offre trop de prise à l'action des vents , dont la violence dans certaines contrées peut les culbuter , ce qui rend leur usage peu praticable dans beaucoup de pays.

Dans les contrées voisines des Pyrénées , pays couvert d'arbres résineux , par conséquent riche en miélée , les cultivateurs ont donné à leurs ruches en paille la forme d'une cloche ; son évasement en bas procure aux abeilles , dans les belles saisons , un emplacement plus large et plus commode pour se prêter à la construction de nouveaux magasins, qui , dans certains tems de l'année , suffisent à peine pour recevoir les provisions de miel qui abondent sur la végétation ; c'est ainsi que cette forme commode procure annuellement aux propriétaires de ces pays des tailles de cire très-lucratives. Il est prouvé que le commerce de la cire provenant des ruches des départemens voisins des Pyrénées, est annuellement de six cents mille francs, revenu certain qui manque rarement. La cire nouvellement taillée est plus blanche et vendue à des plus hauts prix. L'usage des loge-abeilles facilite beaucoup les tailles qu'on juge nécessaires et procure les avantages des ruches usitées dans les pays voisins des Pyrénées.

Ruche bombée. Cette ruche, usitée dans la Bourgogne, construite en paille, est renflée vers son milieu; sa forme, étroite en haut et en bas, excite, dit-on, les abeilles au travail; mais elle offre trop de surface à l'action des intempéries des saisons. (*Voir Planche* 2).

Ruche à hausse. Ces ruches sont composées de plusieurs pièces de même diamètre et de la même élévation, dont on augmente ou diminue le nombre à volonté; ces différentes parties sont appliquées les unes sur les autres et sont retenues dans leur position au moyen d'un anneau qu'elles portent sur chaque côté, et d'une ficelle en fil de fer qui sert à les fixer entr'elles.

Les anciens avaient connu les ruches composées de plusieurs pièces : Pline recommande de faire les couvercles des ruches mobiles, afin

de pouvoir rétrécir ou agrandir leur capacité. Depuis environ soixante ans, on a fait
revivre l'idée de composer les ruches de plusieurs parties, et qu'on appelle *Ruche à hausse*,
Écossaise, *à magasin*, *à fragment*, *Perpé-
tuelle*, *Étagères*, *Pyramidale*, etc. C'est M.
Gelieu, pasteur aux Lignières, en Suisse,
qui a été le premier à faire construire ces
sortes de ruches ; elles ont été modifiées par
beaucoup d'autres cultivateurs, notemment par
MM. Palteau, de Boisjugan, de *Massas*,
Ravanel, Béville, Ducouédri et autres.

Les uns les ont faites de forme cylindrique,
en paille ; d'autres en planches, de forme
carrée ou octogone ; le diamètre a été généralement d'un pied, et l'élévation de chaque pièce de trois à quatre pouces ; M. Ducouédri a passé toutes les bornes en portant ses
hausses à seize de diamètre et autant d'élévation.

Les partisans des ruches à hausse y trouvent l'avantage de proportionner la ruche à
la grosseur des essaims, au moyen des hausses
qu'on y ajoute ; ensuite de pouvoir récolter
les hausses supérieures, pleines ordinairement
de miel, en substituant des hausses vides à
la partie inférieure de la ruche, afin que les
ouvrages des abeilles puissent se renouveller ;

enfin, de faciliter les moyens de faire des essaims artificiels, en choisissant les hausses où il y a des cellules royales, ou d'autre couvain de différens âges.

La preuve, cependant, que les avantages des ruches à hausse est encore chimérique, c'est que depuis l'époque de leur invention, on ne peut citer aucun pays qui les mette en usage. Ces ruches présentent trop de difficultés dans leurs moyens de construction et d'entretien, et exigent trop de soins et de surveillance; leur confection, trop compliquée, ne permet point à la généralité des propriétaires de les construire eux-mêmes; c'est ordinairement un ouvrage de menuiserie, dont la main-d'œuvre est coûteuse; la partie économique des abeilles doit rejeter tout ce qui est d'une exécution difficile; les meilleurs profits sont ceux qu'on retire d'abord de l'économie des moyens d'exploitation; la ruche à hausse, ainsi que la ruche villageoise, qui en est une modification, ne peuvent convenir qu'à celui qui cultive les abeilles par curiosité; elles sont connues depuis long-tems en France, en Suisse, en Allemagne; on a varié leur construction de toutes sortes de manières sans pouvoir obtenir des succès certains. (*Voir Ruche de Gelieu, de Palteau,*

28 *

de Massac, *de Boisjugan* , *dè Carne de Blangy*, *de Widman*; *Ruche de M. Lombard*, *ou villageoise.*

Ruche de Gelieu. Cette ruche en planches offre un carré long , ayant un pied de hauteur , 9 à 10 pouces de largeur et 15 à 18 de longueur ; cette espèce de boîte , ouverte par dessous , n'est fermée que par la table sur laquelle elle pose; l'entrée des abeilles se fait au bas d'un des grands côtés ; ce carré ainsi construit se divise de haut en bas pour en faire deux parties égales , de sorte que la porte des abeilles soit sciée en deux ; on ferme le côté ouvert par deux planches légères : on fait à chacune de ces dernières planches deux ouvertures, savoir : une au centre de 3 à 4 pouces, pour la communication des abeilles d'une partie dans l'autre, et l'autre en bas , comme celle de l'entrée, de manière que les abeilles peuvent communiquer d'une partie dans l'autre par l'ouverture du centre et par celle du bas ; on tient ces demi-ruches réunies au moyen de huit chevilles saillantes , dont deux de chaque côté haut et bas , placées dans l'épaisseur des planches qui donnent la faculté de mettre un lien de fil de fer d'une cheville à l'autre , ce qui empêche la désunion des deux demi-ruches.

Cette forme de ruche donne la facilité de faire des essaims artificiels en la divisant dans un tems convenable, et en ajoutant à chaque demi-ruche deux portions semblables et vuides; cette division de haut en bas des rayons, doit faire présumer avec plus de probabilité que dans la division transversale, pratiquée avec les ruches à hausses horizontales, qu'il s'y trouvera des vers royaux ou d'autres vers de différens âges pour donner naissance à une reine.

Ruche de Palteau. Cette ruche est composée de plusieurs hausses, placées les unes sur les autres, couvertes d'un surtout et posées sur une table soutenue par trois piquets qui s'élèvent d'environ un pied au-dessus de terre; la table a un pouce et demi d'épaisseur, quinze pouces de large et dix-neuf pouces du devant au derrière ; au milieu de la table est une élévation de six lignes et de treize pouces en carré, formée par une planche qu'on y élève à ce dessein ; c'est sur cette élévation qu'est assise la ruche ; le surtout qui la couvre s'étend jusque sur la table, à laquelle on a pratiqué vers son milieu une ouverture de huit pouces en carré, fermée par un tiroir, où viennent se rendre toutes les saletés de la ruche, et dans lequel on peut donner à

manger à ces mouches ; le tiroir porte aussi
un trou de quatre pouces en carré , sur lequel on applique une plaque de fer blanc ,
percée en plusieurs endroits , pour laisser en
été une issue à l'air, et prévenir toute espèce de fermentation. Ces hausses sont des
boîtes qui ont un pied en carré , sur trois
pouces de haut ; leurs fonds ont trois lignes
d'épaisseur , de même que les côtés ; il y
a sur chacune , à fleur de bois , une barre de
six lignes en carré pour les rendre plus solides et pour soutenir les gâteaux qu'elles
doivent renfermer ; dans le fond on laisse une
ouverture d'environ sept pouces en carré ,
pour établir une communication d'une hausse
à l'autre, et dans le reste plusieurs trous pour
livrer passage aux abeilles.

Pour former une ruche à la Palteau , on
pose trois ou quatre hausses les unes sur les
autres , en observant que le fond percé soit
toujours en haut ; on les lie ensuite entr'elles
avec un fil de fer qui passe dans les anneaux
placés sur les côtés ; après on applique sur
la hausse supérieure , qui doit être assujettie
avec le même fil de fer ; les hausses ainsi
superposées , on les place sur le support et
on les couvre d'un surtout en bois qui descend jusque sur la table , à laquelle il est

attaché avec des crampons et des goupilles ;
on pratique vers le bas du surtout une ouverture formée par un cadran circulaire de fer
blanc de quatre pouces de diamètre ; le cadran est divisé en quatre parties égales , dont
la première renferme quatre arcades de cinq
lignes de haut sur quatre de large ; la seconde contient plusieurs petits trous qui ne permettent pas aux abeilles de sortir et n'em-
pêchent pas la circulation de l'air ; la troisième
est ouverte ; elle sert pendant les grandes
récoltes ; la quatrième est entièrement fermée
et porte un anneau destiné à faire tourner le
cadran autour d'un clou.

Les avantages de ces ruches sont de garantir
les abeilles de leurs ennemis , des effets de
l'humidité et des intempéries des saisons ; de
faciliter , au moyen des tiroirs placés intérieurement , l'introduction des alimens nécessaires
à ces mouches pendant les rigueurs de l'hiver ;
tous ces avantages ne sauraient compenser leurs
défauts attachés à leur construction dispen-
dieuse et à leur entretien ; il n'y a qu'un
riche amateur d'abeilles qui puisse avoir la
cariosité de les mettre en usage , pour com-
pléter la collection nombreuse des ruches
qu'on a inventées. La ruche à l'air libre , in-
ventée il y a quelques années , ressemble par

beaucoup de côtés à la ruche Palteau, *(voir cette Ruche)*.

Ruche de Massac. L'inventeur, dans la construction de ses ruches, a adopté le support de M. Palteau, a supprimé le surtout et a fait plusieurs changemens dans les hausses; il donne à chacune d'elles onze pouces d'élévation, sans y comprendre le fond, qui a neuf lignes d'épaisseur, de même que les côtés; les hausses s'emboîtent avec l'élévation qui est au milieu de la table, et deux suffisent pour former une ruche; chaque hausse porte, à huit lignes au-dessus du bord, une ouverture en forme de trapèze, dont la base a vingt-deux lignes; le petit côté, huit, et la hauteur, quinze; il place à chaque ouverture un cadran qui a les mêmes dimensions que celui de la ruche Palteau et qui présente toujours le côté plein dans la seconde hausse, afin que les abeilles ne puissent pas passer. Au fond des hausses est un trou qu'on bouche avec du linge dans la supérieure et qu'on a soin d'ouvrir quand elle devient la première, afin que les mouches puissent aller de l'une à l'autre. Quand la ruche est habitée, on assujettit les hausses entre deux liteaux, de sept à huit lignes d'épaisseur et d'un pouce de large; il y en a un de chaque côté, qu'on arrête fixement avec des chevilles qui entrent dans le fond de la hausse et dans l'épaisseur de la table.

Ces ruches ont les défauts qu'on blâme dans les ruches composées.

Ruche Boisjugan. En prenant la ruche *Palteau* pour modèle, M. Boisjugan s'est attaché à la rendre moins coûteuse; au lieu de construire les hausses en bois, il les fait en paille, matière qu'il est facile de se procurer dans tous les pays; elles sont cylindriques et ont de treize à quatorze pouces de diamètre et quatre de hauteur; le dessus est convexe; il est surmonté d'une anse et a deux ouvertures, une au milieu, de quatre pouces de diamètre, et une à côté, de six lignes; on les tient fermées dans la dernière hausse; mais dans les autres on laisse la grande ouverture pour servir de passage aux abeilles; la petite sert à introduire le tuyeau d'un soufflet pour les enfumer lorsque cela est jugé nécessaire; pour réunir les hausses et en former une ruche, on les met l'une sur l'autre et on les coud avec une longue aiguille munie de ficelle que l'on passe dans les liens qui retiennent la paille.

Ces ruches doivent être recouvertes de plusieurs couches d'une pâte faite avec de la terre grasse, de la suie et du verre pilé, afin de les garantir des rats et des souris ; elles doivent être couvertes d'un surtout semblable à celui dont on est obligé de recouvrir les ruches en paille. Ces ruches sont peu coûteuses ; les gens de la campagne peuvent les construire dans le tems où ils n'ont point d'occupations ; elles ont le défaut qu'on reproche aux ruches à hausse faites avec de la paille, telles que la ruche villageoise de M. Lombard, composée en premier lieu de trois hausses, ce qui ferait croire qu'elle a été modelée sur la ruche Boisjugan.

Ruche de Carne de Blangy. Ce cultivateur, après avoir fait long-tems usage des ruches à hausse faites avec de la paille, y renonça pour donner la préférence aux hausses carrées, construites en bois ; la difficulté de tailler les premières, la peine de les coudre et découdre, jointe à la facilité qu'ont les rats et les souris de s'y introduire, lui firent chercher dans une matière plus solide que la paille un logement pour ses abeilles : il fit des hausses avec un bois léger, tel que le pin, le sapin, le peuplier etc. ; il donna à ses hausses treize pouces en carré et trois pouces de hauteur ; il plaça dans chacune d'elles deux traverses de cinq lignes d'épaisseur, à angle droit, et

qui, débordant les côtés de quatre lignes,
tenaient lieu de crampons ; lorsqu'il voulait
réunir plusieurs hausses pour former une ru-
ruche, il ne donnait le couvercle qu'à la
dernière hausse ; c'était une ou plusieurs planches de trois à quatre lignes d'épaisseur, assemblées avec trois petites barres de bois,
dont celle du milieu dépassait le couvercle
de chaque ligne de chaque côté ; c'est à un
de ses bouts qu'il arrêtait la ficelle qu'il avait
attachée à la première hausse et qu'il conduisait ensuite aux traverses des hausses supérieures, en la serrant fortement autour de
chacune ; une ficelle arrangée de cette manière sur chaque hausse ; suffisait pour former
une ruche assez solide, mais non exempte des
défauts nombreux attachés aux ruches composées.

Ruche de M. Vidman. Ce cultivateur a
imaginé des ruches cylindriques faites avec
des cordons de paille : elles ont de douze à
quinze pouces de diamètre, sur onze à douze
de hauteur ; elles sont fermées par un couvercle en bois qui porte une coulisse que l'on
tire à volonté, et qui a plusieurs trous sur
sa circonférence, dans lesquels l'on plante des
chevilles pour la fixer sur les cordons. Quand
une ruche est sur le point d'être remplie de

miel, on en met une autre par-dessous, dont il faut ouvrir la coulisse ; les abeilles ne trouvant plus d'espace dans la première, descendent dans la seconde, et quinze jours après, lorsqu'elles y sont bien établies, on doit fermer la coulisse et enlever la ruche supérieure. Avec une saison favorable aux abeilles, on peut les changer deux fois de ruche. Cette ruche serait commode pour s'emparer d'une partie des provisions des abeilles, mais présente les inconvéniens des ruches à hausses ; ainsi, cette forme de ruche, comme toutes celles qu'on a inventées, peuvent être avantageuses dans les années abondantes, mais elles sont d'un usage embarrassant, à cause de leur complication ; la culture de ces insectes doit être fondée sur un système qui offre aux cultivateurs des moyens simples et économiques.

Ruche villageoise. Voici la description que M. Lombard fait de la ruche dont il est l'inventeur, dans son *Manuel du Propriétaire d'Abeilles :* « J'ai nommé ainsi la ruche que j'ai adoptée, parce que par sa forme extérieure elle tient à celle d'une pièce qui est la plus répandue dans la campagne ; elle en diffère en ce qu'elle est en deux pièces, et que dans l'intérieur j'y ai mis une espèce de séparation qui en facilite la dépouille sans nuire à la circulation des abeilles ; j'ai conservé la convexité à la partie supérieure , afin de faciliter l'écoulement des eaux des vapeurs qui, pendant l'hiver s'exhalent de la réunion des abeilles ; j'ai écarté la coupe transversale des rayons par le fil de fer , dont j'ai fait sentir les inconvéniens ; si je m'en sers encore , c'est seulement pour détacher la pièce supérieure lorsqu'elle tient à l'inférieure par la propolis employée par les abeilles pour boucher la jointure qui s'y trouve ; je n'ai adopté cette ruche qu'après douze à quinze années d'essais sur des ruches de différentes formes.

« Ma ruche , comme je l'ai dit , est en deux pièces ; le corps de la ruche et le couvercle, donnant ensemble une élévation de dix-sept à vingt pouces , sur un diamètre uniforme d'un pied dans-œuvre , sauf la pièce supérieure qui doit être bombée ; j'ai adopté ce dans-œuvre parce que le couvain y est plus concentré que dans des ruches plus évasées ; si je varie dans l'élévation, c'est afin de proportionner un peu les ruches à la force des essaims, à la saison plus ou moins avancée.

« Le corps de la ruche se compose de rouleaux de paille boudinés , tournés en spirale , liés les uns aux autres par un lien plat ;

au haut et au bas de chaque ruche, on fait un autre rouleau extérieurement ; je veux dire que l'on doit reborder la ruche en dehors haut et bas, savoir : au bas, pour donner de l'assiette à la ruche sur sa table, et au haut, afin de pouvoir lier ensemble deux ruches posées l'une sur l'autre, lorsque cela sera nécesaire ; au haut du corps de la ruche et dans son dans-œuvre et bien à fleur du dernier rouleau, on met un plancher fait avec une planchette légère, de dix pouces de largeur en tout sens ; on scie les quatre carnes de manière qu'en mesurant la planchette d'une carne à l'autre il y ait un pied ; ce plancher se fixe avec des clous insérés dans le double rouleau supérieur, entrant un peu dans les pans ; les quatre ouvertures que laisse le plancher sont nécessaires pour la circulation des abeilles, l'évaporation des vapeurs qui, dans l'hiver, s'exhalent de leur réunion, et pour leur passage, lorsqu'on est dans le cas de les enfumer.

« Sous le plancher traverse une baguette plate saillante de deux côtés, de quinze à dix-huit lignes ; elle sert à enlever la ruche de deux mains et donne la facilité d'y attacher le couvercle, qui a également une baguette en saillie correspondante avec celle de la ruche. Au bas de la ruche est une ouverture de deux pouces de largeur, sur neuf lignes de hauteur, pour l'entrée et la sortie des abeilles.

« Les deux premiers rouleaux du couvercle doivent être de même diamètre que la ruche; le troisième doit rentrer insensiblement, de manière que le couvercle se trouve bombé dans son élévation de quatre à cinq pouces; au sommet on laisse une ouverture de quinze à dix-huit lignes, pour y placer la flèche d'un pied de longueur, diminuant insensiblement dans sa hauteur apparente, qui n'est que de dix pouces, le surplus devant être engagé dans le tissu du couvercle par une baguette de cinq à six lignes de grosseur; afin que la flèche n'enfonce pas par le poids du surtout, on place une baguette un peu courbée, de six à sept pouces de longueur, qui passe au travers de la flèche et porte sur la convexité du couvercle et en sens contraire de celle de l'intérieur.

« La base du couvercle est traversée par la baguette saillante, dont l'usage est indiqué, et qui sert aussi à soutenir les rayons que les abeilles bâtissent dans le couvercle; on place dans la ruche deux baguettes croisées, de trois à quatre pouces, l'une au-dessus de l'autre, pour soutenir les rayons; il faut que toutes les ruches et toutes les

29 *

bases des couvercles soient d'un diamètre
unifome, afin que les ruches puissent se
placer au besoin les unes sur les autres, et les
couvercles sur toutes les ruches. »

La manière de faire les ruches en paille *(voir
Ruche en paille)*, indique les moyens de les
construire sur un plan uniforme ; ces moyens
sont plus simples, moins coûteux que le mé-
tier ou plateau de M. Lombard. Ces ruches en
paille doivent être placées sur des tabliers de
bois supportés sur une pièce de bois ronde en-
foncée dans la terre par une de ses extrêmités
qu'on fixe avec des pierres liées avec du mortier. L'autre extrêmité soutient le tablier sur
lequel il est assujetti avec des clous. Les tabliers, ainsi relevés, en débordant de tous
les côtés, les mulots, les souris, ne peuvent
atteindre les ruches, et l'humidité de la terre
leur est moins préjudiciable.

Les ruches de M. Lombard, comme les
autres ruches à hausses, dont elle est une modification *(voir Ruches à hausses)*, facilitent
leurs tailles et les moyens de faire des essaims
artificiels ; mais leur complication et les matériaux dont elles sont construites rendent leur
usage coûteux et sujet aux inconvéniens que
nous avons signalés en parlant des ruches en
général. M. Lombard, ce cultivateur zélé,

a reconnu lui-même ces défauts. Sa ruche, en premier lieu, composée de trois pièces, a été réduite à deux ; il a fini par la simplifier en lui donnant la forme ordinaire d'une cloche composée d'une seule pièce usitée dans presque tous les pays où les ruches sont en paille.

Ruche à l'air libre. Cette ruche, que j'ai vue l'an dernier à Paris, est divisée en plusieurs cases, comme la ruche à hausses de M. Palteau. *(Voir cette ruche).* Sa construction, plus simple que celle de M. Hubert, peut faciliter à faire des observations sur l'Histoire naturelle des abeilles ; elle peut être utile à un amateur ; mais le cultivateur, qui cherche les moyens simples, attendra que l'expérience confirme les avantages qu'elle promet. Le surtout de coutil ou de paille, dont elle a besoin d'être affublée, n'offre pas assez de garantie pour procurer aux abeilles, ainsi logées, une température qui puisse, s'il était possible, être égale en hiver comme en été. Ainsi, le logement qui remplira cette condition sera le meilleur pour ces insectes. Dans les climats chauds, tel que la Martinique, les abeilles sont logées à l'air libre ; mais dans les zones, où la température est sujette à tant de vicissitudes atmosphériques, elles ont besoin d'être logées avec précaution et avec sûreté contre leurs ennemis.

Cette ruche est curieuse ; elle fait honneur au zèle éclairé de son inventeur , qui l'a porté à tenter des essais pour procurer aux abeilles des logemens qui méritent d'être appréciés.

Ruche de M. Hubert. Elle se désigne par *Ruche à feuillets* ou *en livre ; M.* Lombard en fait la description suivante dans son *Manuel:* «Elle se compose actuellement de huit châssis, au lieu de douze ; les châssis ont dix-huit pouces de hauteur au lieu d'un pied hors-œuvre ; le dans-œuvre est de la hauteur de dix-sept pouces, et celui de largeur est de dix; les montans ont dix-huit pouces d'élevation sur un pouce d'épaisseur et quinze lignes de largeur ; la traverse du haut est de même épaisseur et largeur, ainsi que celle qui est en-dessous à la distance de six pouces ; la traverse d'en bas, de six lignes de grosseur , se place à un pouce en remontant aux deux extrémités des huit feuillets; il y a de chaque côté , un châssis destiné à recevoir, chacun du côté de leur intérieur , un vitrage, et extérieurement un volet; ce châssis a dix-huit pouces de haut sur treize pouces et demi de largeur; l'ouverture de ce châssis, pour recevoir le vitrage et le volet , a dix pouces de largeur, sur quinze pouces de hauteur , le tout dans-œuvre. Les volets doivent être ferrés pour les ouvrir et fermer à volonté ; les huit

châssis sont en bois de sapin; les deux extérieurs sont en bois de noyer, d'un pouce d'é-
paisseur, et les volets de dix lignes aussi d'é-
paisseur; les châssis et les volets peuvent se
faire en bois de chêne; les feuillets ne sont
plus réunis d'un côté avec des couplets ou char-
nières, parce que cela avait l'inconvénient
d'exposer les abeilles à être écrasées en renfermant les châssis. Au lieu de châssis, deux
traverses plates de dix-neuf pouces de longueur,
sur quinze lignes de largeur et quatre d'épaisseur, entrent dans le milieu de la hauteur, et
des deux côtés des deux châssis vitrés dans la
partie qui fait saillie en longeant le côté des
huit feuillets, et reçoivent dans leurs trous es-
pacés une petite broche de fer; pour bien
assujettir le tout ensemble, on a quatre épingles
en bois plus minces dans leurs extrêmités; on
les enfonce dans la broche de fer qu'elles em-
brassent, jusqu'à ce que le tout soit solidement
réuni. Les entrées des abeilles qui étaient au
bas des feuillets, sur la grande face, sont réduites à une seule au bas des petits côtés pratiquées dans l'épaisseur du tablier avec une
petite planche saillante pour la marche des
abeilles. Cette disposition rend la dépouille plus
facile, parce qu'on trouve les rayons de miel
dans les châssis des deux extrêmités, où les

abeilles le déposent pour obéir à la loi de leur instinct qui les force à mettre leurs travaux dans la partie la plus éloignée de leur entrée.»

Dans le principe, pour déterminer les abeilles à travailler dans le plan de chaque feuillet, M. Hubert plaçait au baut de chacun un petit gâteau de cire ; c'est encore le meilleur moyen; mais un naturaliste anglais, J. Hunter, ayant assuré dans un écrit inséré dans les *Mémoires de la Société Royale de Londres* (Trans. Phil.), qu'une arète formant angle saillant, ou même un angle rentrant, déterminait les fondemens des édifices des abeilles : et M. Hubert ayant reconnu qu'en général cela était vrai, a fait tracer sur la traverse de chaque feuillet un angle saillant.

L'usage de la ruche à feuillets, pour les observations et la dépouille, est fort simple : lorsqu'on veut voir ce qui se passe dans l'intérieur, on fait glisser les deux châssis portant les volets le long des traverses ; après avoir séparé peu à peu chaque feuillet, on examine et on rapproche; ensuite, en faisant le tout avec douceur, les abeilles n'en sont point troublées et continuent leurs travaux aux yeux des observateurs ; quant à la dépouille, on enlève les châssis des extrèmités et on en met d'autres à la place. On doit sentir aussi combien il est facile de

faire des essaims artificiels, en enlevant dans
la saison convenable des feuillets du centre,
contenant du couvain de jeunes reines, etc. ;
enfin, M. Hubert a ajouté à sa ruche un surtout se composant de trois pièces, dont deux
se placent du côté des traverses, et la troisième en toit, se pose dessus ces deux pièces, et
cela, pour les ruches destinées à rester en plein
air.

Un amateur, M. Blondelo, demeurant à
Noyon, a fait une ruche à feuillets, et a mis
des couplets alternatifs à chaque feuillet de
chaque côté, de manière que la ruche de douze
feuillets s'allonge comme un ruban de dix à
douze pieds : ainsi déployée, elle a la forme
d'un paravent.

La ruche à feuillets est savamment construite
et digne du naturaliste qui a enrichi l'Histoire
naturelle des abeilles d'observations et de
découvertes les plus curieuses : honneur et
gloire à M. Hubert, qui a appris au monde savant comment s'opère la fécondation de la reine-
mère, l'origine et l'usage des récoltes des
abeilles. Sa ruche permet à l'observateur de
voir séparément les formes de chaque rayon,
d'énumérer leurs alvéoles, d'en distinguer les
différentes capacités, de suivre la reine-mère
à l'époque de la ponte, d'apercevoir ses œufs,

d'observer leur développement, les diverses transformations du couvain ; enfin, on voit dans cette ruche, et en détail, tout ce qui intéresse les travaux et les ouvrages de ces insectes utiles.

La ruche à feuillets étant composée de plusieurs châssis, leurs jonctions exigent de la part des abeilles une grande consommation de propolis. M. Lasseray, qui a son rucher au jardin des plantes à Paris, dans lequel j'ai vu plusieurs ruches à feuillets, fait une ample provision de cette substance lorsqu'il dépouille ses ruches. Cet amateur, pour éviter à ses abeilles l'emploi trop considérable de propolis, a utilisé cette matière en imaginant des cordons qu'il enduit avec un mélange de propolis et de cire pour fermer les jointures de ses ruches.

Ruche vitrée. L'histoire naturelle des abeilles a piqué dans tous les tems la curiosité des savans : les anciens, frappés d'admiration pour leurs ouvrages, inventèrent des ruches de corne pour examiner l'ordre, l'harmonie qui règnent dans cette nombreuse réunion d'individus ; mais les défauts de transparence des moyens qu'ils employèrent, rendirent leurs observations peu satisfaisantes. Les anciens, trop livrés à l'esprit de système et leurs con-

naissances physiques trop bornées par les pres-
tiges de leur religion toute allégorique, re-
gardaient la génération des abeilles, ainsi que
celle des autres animaux, comme un mystère
dans lequel leurs dieux jouaient les principaux
rôles; aussi l'histoire naturelle de ces insectes
resta stationnaire avec ses rêveries et ses erreurs, jusqu'à l'époque où un savant, l'illustre
Maraldi, inventa des ruches en verre. Ces
observations le conduisirent à des découvertes
intéressantes qui ont enrichi l'histoire naturelle de ces insectes; enfin, il était réservé à
M. De Réaumur de les perfectionner : il en
imagina de différentes formes pour les découvertes qu'il se proposait de faire. Les résultats
de ses observations forment ce que nous avons
de plus complet sur l'Histoire naturelle des
abeilles.

Les ruches vitrées se composent de différentes manières; voici la description de celle qui
sert à mes observations : un cadre de douze
pouces de diamètre, composé de quatre pièces
égales de bois de noyer carrées, de deux pouces
de largeur sur douze de longueur, réunies
entre elles en queue d'aronde à leurs extrémités, où elles supportent quatre montans de
vingt pouces de hauteur et de même épaisseur,
soutenant à leurs extrémités supérieures un

autre cadre semblable à celui qui les supporte.
Toutes ces pièces doivent être assemblées solidement : on pratique des rainures dans les pièces de bois formant les cadres de la ruche, pour
y introduire des pièces de vitrage, à l'exception
de celles qui forment celle du dessus qui doit
être occupée par une pièce de bois ; cette ruche
est couverte d'un surtout en planches, composé
de la même manière, avec cette différence que
ses quatre faces sont fermées par des volets en
bois, ferrés et susceptibles de s'ouvrir et fermer à volonté. Le dessus de la ruche doit être
couvert d'une brique pour la garantir des pluies;
elle est posée sur une brique de même dimension ; le passage des abeilles est pratiqué au
bas de la face antérieure de la ruche, dont l'extérieur sera enduit de plusieurs couches de
vernis à l'huile de noix ; ainsi disposée, elle
peut résister aux intempéries des saisons et satisfaire assez long-tems la curiosité des amateurs.

Depuis quelque temps on voit sortir des ma-
nufactures de verreries des vases qui ont la forme d'une cloche de vingt-cinq à trente pouces
de hauteur : je vois avec plaisir que les amateurs qui peuvent en faire la dépense s'en servent pour y loger des essaims, en plaçant dans
leur fond une planchette de bois, supportée

sur un bâton planté au milieu du support; l'entrée de ces ruches doit être pratiquée dans l'é-
paisseur de la table ou support qui la soutient.
Ces belles ruches, placées dans les jardins à
proximité de la maison d'habitation, procurent
l'agrément de voir les ouvrages des abeilles
dans toutes leurs faces, de pouvoir mesurer
les progrès de leurs travaux dans les belles
journées du printems, où ils sont très rapides
et apparens; enfin, une ruche en cloche, convenablement placée, ajoute aux ornemens d'un
jardin; on la garantira des intempéries des
saisons, en la recouvrant d'un surtout en paille,
ou en planches, et d'une cage en fil de fer pendant la belle saison. Les abeilles prospèrent
dans ces ruches en verre, où elles ne font
aucune consommation de propolis et où elles
redoutent moins les attaques des insectes et
autres animaux. On peut dire qu'elles réussissent également bien dans toute sorte de logement, pourvu qu'elles soient à portée d'abondantes provisions. Je citerai à ce sujet un fait
qui prouve que les abeilles se plaisent dans
toutes les formes d'habitation qu'on leur procurera : j'ai vu en Italie, dans un pays près
de la ville de Foligno dans l'Ombrie, un riche
propriétaire qui avait fait construire dans ses
jardins une ruche en terre cuite d'une forme

singulière , c'était une statue exécutée par un
bon artiste , représentant un capucin de forme
un peu gigantesque, dont la tête affublée d'un
vaste capuchon , était creusée intérieurement
pour former le logement d'un essaim ; la bouche
et les narines de la figure livraient passage
aux abeilles. La vue de cette ruche , placée au
milieu d'un bosquet, et que cet Italien appelait
la *mia grotesca,* me causa une surprise agréable.
Le mouvement perpétuel de ces insectes qui
entraient et sortaient de la bouche et du nez
de la statue et couvraient son menton en forme
de barbe noire , donnaient à sa physionomie
un air de vie qui semblait animer ses traits.
Cet amateur se félicitait d'avoir imaginé une
forme de ruche qui ajoutait aux ornemens de
son jardin : il me fit remarquer une ouverture
pratiquée à sa partie postérieure , qui avait
servi à y introduire l'essaim , et servait aussi à
la taille des gâteaux : il m'assura également
que cet essaim se conservait dans cet état de
prospérité depuis dix années.

J'ai la satisfaction de dire que ce que j'ai
vu en Italie exécuté par l'art, peut se voir
dans ces contrées , formé par les mains de la
nature , mais dans des proportions colossales.

Sur la route départementale de Brignoles
à Toulon , lorsqu'on est parvenu au milieu de

la forêt de St-Julien, on voit à la gauche, sur
le penchant d'une colline, un rocher de forme
bizarement taillée. Ce roc, entouré de chênes
blancs et verts, présente l'aspect d'un religieux
coiffé d'un grand capuchon; le reste de son
corps se dessine de manière pour imiter la dra-
perie du manteau qui couvrait les épaules des
disciples de St-François. En approchant de ce
rocher, qu'on prendrait pour un enfant du
vieux Titan, et que nous appelons *le Capucin*,
on voit sortir d'une petite crevasse qui cor-
respond à l'endroit où est située l'oreille gauche, les abeilles d'un essaim qui s'est établi
dans la cavité qui règne dans l'intérieur de
la partie supérieure de ce rocher grotesque. Cet
essaim se conserve dans ce logement depuis un
tems immémorial; toutes les tentatives faites
pour s'emparer de son miel, ont été infruc-
tueuses, à cause des obstacles inaccessibles que
présente la forme de ce rocher, dont la hauteur
est d'environ cinquante pieds sur vingt de circonférence, depuis les pieds jusqu'au col de ce
géant pétrifié.

Ruche faible. Un Anglais, Ch. Buller, a
fait des expériences afin de connaître les ruches
faibles qu'on pouvait espérer de sauver pendant la mauvaise saison. Il dit, qu'on ne peut
espérer de conserver les abeilles qui, poids de

la ruche déduit, ne pèsent que dix à douze livres. En nourrissant celles qui en pèsent quinze, on peut espérer de les sauver ; et que celles qui pèsent quinze à vingt livres, n'ont pas besoin d'être secourues ; mais qu'il n'y a rien à craindre pour celles qui pèsent vingt livres et au-delà : il s'agit de la livre anglaise, qui diffère en moins de notre ancienne livre d'une once trois huitièmes.

Un autre Anglais, J. Hunter (*Mémoires de la Société Royale de Londres*, Trans. Phil. 1792), a fait une expérience pour connaître, presque jour par jour, la quantité de miel que les abeilles d'une ruche commune consomment pendant l'hiver. Il dit, qu'en trois mois, du 3 novembre 1776, au 9 février 1777, elles avaient consommé soixante-trois onces un gros et demi de miel, ce qui fait environ trois livres trois quarts de notre ancien poids. Ainsi, il faut compter que les abeilles d'une ruche commune consomment environ cinq livres de miel pendant les cinq mois de la mauvaise saison ; mais une ruche, quelque faible qu'elle soit, a toujours quelques portions de miel à l'entrée de l'hiver, et par cette raison on doit espérer de la sauver, en lui donnant peu à peu environ deux ou trois livres de miel, pendant les cinq mois. M. Hubert a fait des expériences sur cinq ruches qu'il a sauvées en 1809, avec cette petite quantité de miel.

Un amateur d'abeilles peut répéter les expériences de J. Hunter : il ne s'agit que de poser avec douceur, après le soleil couché, c'est-à-dire, après que les abeilles sont rentrées dans le logis, la ruche sur une planche carrée, qu'on suspend à une balance quelconque, au moyen de quatre petites cordes fixées à ses angles et réunies supérieurement au crochet de la balance. En hiver, on connaîtra la mesure de la consommation des provisions de ces insectes, et dans la saison des fleurs, on jouira du plaisir de savoir jour par jour celle de l'augmentation de leurs moissons. Ces observations économiques, comparées à l'état météorologique de la saison, fourniront des résultats intéressans qui peuvent servir de règle pour connaître ce qui se passe dans l'intérieur du ménage des abeilles et pour leur administrer des secours pendant les mauvaises saisons.

RUCHER. C'est l'endroit où le cultivateur réunit ses ruches : le nom d'*apié*, dérivé du latin *apis*, exprime mieux l'idée attachée au mot. C'est ainsi que j'appelle les ruchers que j'ai fait construire, dont les avantages sont décrits dans l'article *apié*. Nous allons parler des ruchers qui servent actuellement à la culture des abeilles ; nous ferons connaître les différences qui les distinguent, relativement aux pays et aux climats que ces insectes habitent ; nous entrerons dans les détails concernant leur exposition, leur utilité et leur désavantage ; enfin, nous terminerons cet aperçu général sur les ruchers, par la comparaison des avantages des ruchers de l'ancien système avec ceux que j'ai adoptés, afin que le cultivateur puisse apprécier ceux qui méritent la préférence (*voir* article *Apié*) ; ce que nous allons dire sur l'exposition des ruchers, leur est applicable.

Depuis que l'homme a rendu les abeilles domestiques, elles sont, comme la plupart des animaux qui lui sont soumis pour son utilité et ses agrémens, sensibles aux intempéries des saisons ; il faut donc que leurs demeures les garantissent des rigueurs du froid, des ardeurs de l'été, de la violence des vents, des humidités provenant des orages, des pluies, des rosées, des neiges, etc. ; il faut aussi qu'un rucher soit situé dans une position qui puisse offrir aux abeilles d'abondantes récoltes de miel et de cire, qu'il soit voisin de quelque ruisseau d'eau claire, qu'il soit éloigné des étangs et des eaux profondes, ainsi que des plantes qui leur sont nuisibles ; enfin, le domicile des abeilles doit être inaccessible aux attaques de leurs ennemis, situé dans des lieux où elles puissent jouir de la pureté de l'air, et loin des émanations putrides qui s'élèvent des cloaques, des marres, des tas de fumier. Un apié qui réunira ces avantages plaira aux abeilles.

Le froid est le fléau le plus destructeur des abeilles ; si pendant ses rigueurs, elles n'étaient point réunies en masse dans leur habitation ; elles périraient infailliblement ; le logement qui leur rendra supportable les effets de la mauvaise saison de l'hiver, doit mériter la préférence.

Les ardeurs de l'été ne sont pas moins contraires aux abeilles : la chaleur de l'air extérieur, en pénétrant les matériaux des ruches, augmente considérablement celle qui règne dans leur intérieur, rend leur séjour inhabitable et cause la fonte de leurs ouvrages ; les abeilles, alors, suspendent leurs travaux, perdent l'habitude du travail. Ainsi, un rucher qui garantira ses habitans des excès funestes du froid et du chaud, offrira des avantages inappréciables.

Un rucher situé dans un endroit battu par la fureur des vents, procure les plus graves inconvéniens ; dans cette exposition, les ruches courent le risque d'être culbutées. Les

abeilles qui retournent des champs, accablées
de fatigue et hors d'état de vaincre la résis-
tance de la pression de l'air, sont emportées
loin de leur habitation, et succombent à la
suite des efforts qu'elles font pour surmonter
les obstacles qu'elles rencontrent pour regagner
leur domicile.

Nous avons fait connaître les effets nuisibles
que l'humidité peut causer sur les abeilles et
sur leurs ouvrages (*voir cet article*). Une position, qui met les abeilles à portée d'abondantes moissons de miel et de cire, est la position
la plus fortunée pour ces insectes laborieux ;
elle leur évite des courses lointaines, et leurs
magasins sont plutôt comblés avec moins de
peine et de fatigue : un rucher placé dans les
forêts ou sur leurs lisières, est dans une position fovorable.

Pour réunir autant que possible les avantages qu'exige l'exposition d'un rucher, ou d'un
apié, la partie méridionale un peu orientale
doit être préférée. Dans cette position, les
rayons du soleil d'hiver feront éprouver plus
long-tems aux abeilles l'influence de leur douce
chaleur, de plus, le soleil naissant engagera
les abeilles à sortir plutôt de leur demeure, les
rendra plus vigilantes et plus promptes à l'ouvrage ; dans cette position, l'entrée de leur de-

meure est moins exposée à l'action des vents
glacés et impétueux qui nous viennent des régions septentrionales.

L'exposition du côté de l'occident ne présente pas les mêmes avantages ; les ruches re-
cevant le soleil plus tard , les abeilles sont
moins matinales et se privent de profiter du
tems le plus propice à la récolte du pollen, qui
se fait ordinairement à la faveur de l'humidité
de la rosée du matin.

En automne , les vents d'ouest qui soufflent
violemment, amènent le plus souvent des pluies
abondantes qui peuvent incommoder les abeilles
dont le rucher est orienté vers cette partie ;
enfin , il est essentiel d'éviter l'exposition du
nord et du couchant ; on dit aussi que les ruchers ne doivent point être placés dans les vil-
les , parce que les vapeurs méphytiques , la fumée des maisons , des fabriques incommodent
les abeilles dans leurs voyages , les dégoûtent
de leur domicile et vont chercher dans la campagne un séjour plus épuré. Le petit rucher
de M. Damartin , placé actuellement au centre
de Paris , place Baudoyer , maison n° 1 , au
3me étage , prouve , cependant, que les abeilles
peuvent se conserver au milieu d'une grande
capitale. On pourrait fournir une infinité de
preuves que ces insectes prospèrent dans tous

les climats et dans toutes sortes d'expositions : la cause de leur dépopulation doit être attribuée aux défauts de leur logement, qui ne remédient point aux intempéries des saisons et ne se prêtent point à leur activité pour le travail et à leur multiplication.

Les endroits trop exposés aux ardeurs du soleil d'été ne peuvent convenir aux abeilles ; le repos dont elles ont besoin pendant les fatigues de la belle saison, les oblige quelquefois à sortir de leur logement à cause de la grande chaleur qui y règne ; elles viennent alors se délasser dans les environs de l'entrée de l'habitation : si le soleil darde ses rayons sur elles, ainsi aglomérées, elles peuvent en être incommodées et prendre la fuite. Il est prouvé que les ruches trop exposées aux ardeurs du soleil d'été, sont plutôt attaquées par les teignes ; ainsi, les ruches doivent être placées dans le voisinage des arbres dont l'ombre les garantisse des effets des claleurs caniculaires, qui quelquefois déterminent la fonte des provisions qu'elles renferment.

Les vents alizés qui rafraîchissent l'atmosphère pendant la saison de l'été, sont très-agréables aux abeilles ; mais les lieux battus par des vents violents ne sauraient leur plaire; les efforts qu'elles font pour maîtriser les courans d'air, les dépitent, les énervent et les détruit peu à peu. Le vent qui souffle dans une gorge, ou un défilé, leur est toujours meurtrier ; les apiés doivent en être éloignés autant que les localités le permettent ; il faut également éviter de placer les ruchers dans des lieux qui sont exposés aux vents qui amènent les pluies d'automne ; les ruches en plein champ peuvent être mouillées dans toute leur étendue; les eaux du ciel pénètrent les matières qui ferment leur ouverture et, en les décollant, l'eau s'insinue dans l'intérieur du logement des abeilles, y occasionne des moisissures et d'autres accidens fâcheux. Les tas de neige qui bouchent l'entrée des ruches, en interceptant le passage de l'air extérieur, peuvent aussi compromettre la vie de ses habitans.

Le voisinage des eaux stagnantes est nuisible aux abeilles ; au retour de leurs excursions, si elles succombent sous le poids de leurs fardeaux, en tombant dans l'eau, elles n'ont plus la force de se relever et périssent infailliblement.

Une position heureuse pour un rucher, est celle qui pourrait procurer aux abeilles des provisions abondantes dans toutes les saisons de l'année. Il y a des cultivateurs qui enteurent le domicile des abeilles de plantes et d'arbris-

seaux qui fleurissent dans chaque mois de l'année. M. Lombard , qui a son rucher aux Ter-
mes , près Paris , a eu cette attention ; ces précautions sont agréables aux environs des ruchers : des plantes et des arbrisseaux, toujours
en fleurs , embellissent son voisinage ; mais il
ne faut pas compter sur les ressources que les
abeilles peuvent en retirer : ces moyens de subsistance qu'on ne peut se procurer que d'une manière imparfaite , ne sont rien en comparaison de
l'immensité de ceux que la nature doit leur offrir
et dont elles ne peuvent se passer pour vivre et
se multiplier. Le cultivateur ne doit compter ,
pour la conservation de ses abeilles , que sur
les avantages du logement qu'il leur aura pro-
curé ; quant aux récoltes de miel et de cire ,
il n'y a qu'une saison favorable qui en fasse les
frais. Ce serait une chimère que de croire
d'avoir à sa disposition des moyens infaillibles
pour faire prospérer ces insectes ; tout ce qui
a été inventé pour parvenir à ce but a son
côté défectueux ; ma méthode n'est point
exempte de ce défaut.

Les abeilles favorisées par une belle saison,
réussissent dans toute sorte de logement ; on ne
peut donc compter sur leur réussite , puisqu'elles dépendent des productions de la nature , sujette à tant de vicissitudes , mais du

moins il faut leur procurer des greniers qui puissent recevoir les récoltes des années abondantes, et puissent en même tems être rétrécis dans les années stériles. Ma méthode, fondée sur ce principe, se prête davantage aux chances plus ou moins proprices auxquelles la prospérité de ces insectes est soumise.

Il y a des pays où le cultivateur a soin d'éloigner du rucher les plantes dont les fleurs peuvent produire un miel désagréable, tels que l'if, le tithymale, la jusquiame, la cigüe, en général, toutes les plantes amères et vénéneuses dont les sucs donneraient au miel une mauvaise qualité. On peut citer à ce sujet, la fâcheuse aventure dont parle Xénophon dans la *Retraite des dix mille*. Les soldats grecs arrivés près de Trebisonde, accablés de faim et de fatigues, trouvèrent des ruches dont ils mangèrent le miel avec avidité ; cette nourriture excita chez eux des évacuations abondantes, accompagnées de convulsions et de vertiges, et les mit aux dernières extrêmités : mais personne n'en mourut. M. De Tournefort, qui s'est transporté sur les lieux, dans ses voyages du Levant, croit avoir reconnu la plante dont les abeilles avaient tiré un miel aussi funeste et que les botanistes appellent d'un nom un peu barbare, *chamærododendron pontica*. Pline,

pense que ce miel dangereux est dû au laurier-
rose, dont les forêts de la province de Pont
sont remplies. Elien croit plutôt que c'est le
buis qui donne des mauvaises qualités au miel,
et que celui de Corse était peu estimé des Romains à cause de la quantité de buis qui couvrait cette île. Suivant cette opinion, les propriétés de cet arbuste ne seraient pas les mêmes partout. Nous voyons que dans les pays où
il abonde, le miel n'a jamais produit de semblables effets ; au contraire, il jouit de plus de
blancheur et est plus agréable au goût.

Il a été reconnu dans tous les tems que le
miel recevait des qualités plus ou moins agréables, suivant les plantes et les lieux qui le
fournissent. Tout le monde sait faire la différence d'un miel récolté dans les ruches exposées
aux émanations putrides des cloaques, des tas
de fumier, d'avec celui qui a été recueilli dans
des ruchers situés au milieu des bois et des
montagnes ; ce dernier est pur et parfumé ; les
modernes s'en servent dans la composition de
leurs vins de liqueur ; c'est avec du miel provenant des montagnes qu'ils imitent les vins de
Malaga, Rota, muscat, Constance, Malvoisie. Les Athéniens faisaient le plus grand cas
du miel récolté sur le Mont Thymette ; ils ai-
maient à le mêler dans leurs vins ; plus d'une

fois, les vapeurs de ces vins miélés ont inspiré la muse de leurs poètes. C'est en buvant ces vins délicieux, que le joyeux Anacréon chantait ses chansons aimables, dont la gaîté et la philosophie enivraient l'ame de ses nombreux disciples.

Dans beaucoup de pays on place les ruchers dans les expositions dont nous venons de parler; lorsqu'on peut les placer sur les lisière des forêts, ces situations doivent être recherchées : les abeilles sont plus abritées des vents ; les ardeurs du soleil, les rigueurs des hivers se font moins sentir dans le voisinage des forêts d'arbres résineux abondant en miélée; dans certaines contrées, on choisit le penchant d'un coteau pour poser les ruches en amphithéâtre, afin de pouvoir les aborder avec plus de facilité ; dans les pays plats, on les place en échiquier à l'abri de quelque mur ; on les couvre en hiver de branches d'arbres résineux pour amortir l'action du froid et des pluies. Dans les provinces méridionales du royaume de Naples, les ruches sont couchées et exigent peu de soins, à cause de la douceur du climat de ces contrées ; dans les îles de l'Amérique, qui produisent le sucre, on est obligé de détruire les essaims, à cause de leur trop grande multiplication ; les ruchers sont placés, dans ces pays, sans avoir

égard aux expositions. Dans certaines contrées,
on entoure le rucher d'une haie vive ou d'un
mur, pour le garantir des entreprises des voleurs. Il y a des cultivateurs qui placent près
de leurs ruchers des épouventails pour en
écarter les bêtes fauves ; mais tous ces moyens
ne sauraient les préserver des dangers qui les
menacent.

J'ai vu, dans le pays des Grizons, un rucher
construit avec assez de précaution : il était
formé avec quatre poteaux en bois de la hauteur de cinq pieds environ, soutenant une
toiture en planches, dont le plan inclinait vers
le derrière de l'apié. Les ruches étaient carrées, en planches de capacité ordinaire ; elles
n'étaient point placées debout, mais couchées
à plat à côté et au-dessus les unes des autres.
Ce rucher contenait quarante ruches environ,
sur des étagères qui les écartaient de l'humidité
du sol ; l'ouverture des ruches était formée par
une pièce de bois, livrant passage aux abeilles
par plusieurs trous triangulaires, pratiqués
intérieurement. Le propriétaire de ce rucher
voulut bien répondre aux questions que je lui
fis sur les dispositions de ses ruches et de son
rucher. Il prouva, que ses ruches ainsi placées, ne craignaient point d'être ensevelies
sous la neige qui couvre une partie de l'année

son pays , et qu'étant ainsi couchées et adossées les unes contre les autres , elles conservaient mieux leur chaleur intérieure et offraient moins de prise à l'action des rigueurs du froid, des humidités , etc. On voit qu'il ne fut pas difficile de sentir la justesse du raisonnement de ce cultivateur helvétien.

J'ai vu également , que dans d'autres contrées on construit des ruchers en forme de hangards pour y mettre les ruches pendant la mauvaise saison; mais tous les moyens dont je viens de parler , ne remplissent pas le but que je me suis proposé dans la construction des apiés suivant ma méthode.

Dans les forêts du Nord , les ruches sont suspendues aux branches des arbres , afin d'être à l'abri des neiges et des bêtes fauves. On choisit les lieux les plus abrités pour réunir un nombre de ruches. Lors des derniers événemens politiques qui nous ont fait traverser ces pays dans une saison rigoureuse, nos soldats , exposés à des privations de tout genre , ont plusieurs fois satisfait le besoin de la faim en mangeant du miel de ces ruches forestières ; mais ils ne se repentirent point d'avoir pris cette nourriture , comme il arriva aux Grecs qui fesaient partie de la retraite des dix mille, qui mangèrent du miel aux environs de la ville de Trebisonde; au contraire, cet aliment répara plus d'une fois leurs forces épuisées par les fatigues de cette malheureuse expédition.

J'ai vu sur la côte d'Afrique, près de Tunis, que les ruches sont à façon ronde et en osier, et couchées comme dans tous les climats chauds.

SAU

SAUBEILLER. (*Voir Dépouille* , *Taille des ruches.*)

SER

SERPENT. Ce reptile est très-friand de miel : c'est à la faveur des écailles de son corps qu'il brave les dards empoisonnés des abeilles; il s'insinue facilement dans l'intérieur de leurs habitations pour se rassasier de miel et de cire. Pour prouver son avidité, je citerai un fait assez singulier : un gros serpent, alléché par l'odeur du miel contenu dans une cavité d'un rocher élevé et escarpé, servant de logement à un essaim d'abeilles sauvages, s'avisa d'y pénétrer ; là, il se gorgea tellement de miel que son ventre acquit un volume énorme : pressé de sortir d'un logement où les hôtes ne l'invitaient pas à rester, la grosseur de son corps tendu,

ayant perdu sa souplesse ordinaire , ce reptile,
hors d'haleine , voulant prendre la fuite , se
précipita du haut de ce rocher : en tombant
lourdement sur des cailloux , la peau de son
ventre se créva et le miel coula à grands flots ;
les abeilles, qui semblaient jouir de la mésa-
venture du serpent , s'empressèrent de venir
ramasser les larcins que leur ennemi écrasé
semblait leur restituer.

S I R

SIROP *de miel.* Le meilleur procédé pour
purifier le miel , est celui publié par **M.** Thé-
nard , professeur de chimie au collége de
France. Le voici : prenez miel , **6** livres ;
eau , **7** livres ; craie réduite en poudre , **2** onces ; charbon pulvérisé , lavé et desséché , **5**
onces ; **3** blancs d'œuf battus dans **3** onces
d'eau ; on met le miel , l'eau et la craie dans
une bassine de cuivre dont la capacité doit être
d'un tiers plus grande que le volume du mélange , et on fait bouillir ce mélange pendant
deux minutes ; ensuite on jette le charbon dans
la liqueur , on le mêle intimement avec un
cuiller et on continue l'ébullition pendant deux
autres minutes ; après quoi , on ajoute les blancs
d'œufs , on les mêle avec le même soin que

le charbon , et l'on continue de faire bouillir pendant deux minutes. Alors on retire la bassine de dessus le feu , on laisse refroidir la liqueur pendant un quart d'heure, et on la passe à travers une étamine , ou chausse de flanelle, en ayant soin de remettre sur l'étamine ou dans la chausse , les premières portions qui filtrent, par la raison qu'elles entraînent toujours avec elles un peu de charbon. Cette liqueur , ainsi filtrée , est le sirop convenablement cuit.

Une portion du sirop reste sur l'étamine ou dans la chausse adhérente au charbon, à la craie et au blanc d'œuf ; on l'en sépare par le procédé suivant : versez en deux fois , sur les matières précédentes , autant d'eau bouillante qu'on en emploie pour purifier la quantité de miel sur lequel on a opéré ; on laisse filtrer et égoutter ; on soumet le résidu à la presse ; on réunit les eaux et l'on s'en sert pour une autre purification.

Le sirop fait par le procédé ci-dessus , est d'autant meilleur , que le miel dont on se sert a une qualité supérieure.

Ratafia au miel. Lorsque l'infusion des matières qui en font la base, comme noyaux , fleurs d'orange ; etc., aura été suffisamment faite , on les sucrera avec le sirop de miel , dans la proportion d'une livre par pinte ou bouteille d'eau-de-vie. Ces liqueurs, passées au papier, sont aussi limpides et aussi bonnes que si elles avaient été faites au sucre.

Voici une recette de ratafia de noyaux qui fera connaître combien ces liqueurs sont faciles à faire. Dans le tems des abricots, mettez dans un bocal quatre bouteilles d'eau-de-vie ; à mesure que vous aurez des noyaux d'abricots, concassez-les sans les écraser ; mettez l'amande et le bois dans l'eau-de-vie. Il faut cent noyaux par bouteille : laissez infuser ces noyaux pendant trois mois ; séparez alors l'eau-de-vie, d'avec les noyaux en jetant le tout sur un tamis ; mettez ensuite quatre livres de sirop de miel dans l'eau-de-vie et passez au papier gris, vous aurez un ratafia limpide et excellent.

SOC

SOCIÉTÉ *des abeilles.* Tous les animaux sont doués de l'instinct qui les porte à se rechercher mutuellement ; cette faculté inhérente à l'organisme animal, source féconde de tant de sensations agréables, est le principe fondamental des sociétés animales. L'homme et la femme, vivant pour s'aimer et se secourir réciproquement, ont été les premiers fondateurs des sociétés humaines. En jetant un coup-d'œil

sur l'esprit social en général, on dirait que les
animaux qui se nourrissent de substances animales, sont moins portés à vivre dans la com-
pagie de leurs semblables, que ceux qui prennent leurs alimens de substances végétales : il
semblerait que le naturel, le caractère, les
mœurs des animaux dépendent de leur appétit.
Les animaux féroces, tels que les tigres, les hyen-
nes, les aigles, les vautours, recherchent les
lieux solitaites pour se livrer à leurs penchans
carnassiers : les animaux paisibles qui peuplent
nos étables, nos bergeries, enfin, ceux qui se
nourrissent de végétaux, ne peuvent se perdre
de vue : ils s'appellent réciproquement par des
cris expressifs, lorsqu'on les sépare, et meurent quelquefois de chagrin, lorsqu'ils ne re-
voient plus les compagnons de leurs travaux et
de leurs plaisirs. Exemple touchant des sentimens sociables, digne de nous attacher aux
biens que nous leur devons, digne aussi de
nous faire supporter les maux qui trop souvent
en sont la suite : car des discordes sanglantes
troublent quelquefois la société des abeilles.
(*Voir Combat*). Mais revenons aux avantages
qu'elles retirent de leur état de société. D'après
nos aperçus, les abeilles, ainsi que la plupart
des insectes ailés qui se nourrissent des sucs
cueillis sur le calice des fleurs, doivent sentir

le besoin de se réunir. Nous les voyons (*voir Abeilles sauvages*) s'assembler dans les cavités des rochers , dans les creux des arbres , ensuite dans les logemens que l'homme leur a façonnés pour jouir des bienfaits résultant de ce même besoin ; nous voyons aussi que cet esprit social se conserve , se fortifie , se perpétue , chez ces insectes , par les liens qui unissent les enfans issus de la même mère et que cette réunion nombreuse procure à leurs habitations une température appropriée à leur existence ; enfin , nous voyons que l'esprit de cette société , formée par le besoin de se conserver et de se reproduire , excite, parmi les membres qui la composent , le désir de se livrer à des travaux pour ramasser des matériaux qui doivent servir à la construction des magasins pour leurs provisions et de berceaux pour leur progéniture ; ainsi , on peut assurer que c'est à cet esprit de société , qui anime les abeilles dans tout ce qu'elles font , qu'il faut attribuer la cause de leur multiplication et de leur prospérité. (*Voir Travaux, Ouvrages , Gouvernement.*

SOP

SOPHISTICATION *de la cire.* On sophistique la cire en y mettant de la graisse , du

galipot , espèce de résine connue sous le nom
de poix de Bourgogne , de la thérébentine ,
etc. , etc. On connaît ce mélange frauduleux
en mâchant un petit morceau de cire ; si elle
est pure , elle ne doit avoir aucun mauvais
goût , ni s'attacher aux dents ; dans la cire
mêlée de suif , on y trouve un goût de graisse ,
et celle qui est mêlée de quelques résines, tient
aux dents en la mâchant. On lit dans le *Journal
de Pharmacie* , année 1823 , qu'en offrant à
un négociant de Genève une partie considérable de cire jaune , d'une très-belle apparence ,
à des prix tellement inférieurs au cours du
moment, qu'on ne put se défendre de quelque
soupçon : d'après l'examen qu'on fit , cette cire
contenait de la fécule de pomme de terre
dans le rapport de la moitié de son poids. La
filtration de la cire fondue , suffit pour reconnaître cette sophistication.

S P H

SPHINX (LE) *à tête de mort.* C'est un
grand papillon qui est du genre des phalènes,
et l'un des plus rédoutables ennemis des abeilles , parce qu'il les épouvante et qu'en peu de
tems , peut-être dans une nuit , il enlève tout
le miel qui devait les alimenter pendant l'hiver.

Ce papillon fait entendre un son aigu et plaintif qui, avec la tache qu'il a sur son corcelet,
représentant grossièrement une tète de mort,
lui a fait donner le nom d'*Atropos*, et attacher
par le vulgaire des idées sinistres.

Ce papillon, dont la chenille se nourrit de la
feuille de pomme de terre, paraît au mois de
septembre; on le confond avec la chauve-sou-
ris, à cause de la grandeur de ses ailes et
parce qu'il vole aux mèmes heures. Aussisòt
que les abeilles s'aperçoivent de son approche,
elles se mettent toutes en mouvement, et, si
elles en ont le tems, elles se retranchent dans
l'intérieur de leur logement, en rétrécissant
l'entrée avec un mélange de cire et de propolis;
elles font quelquefois une double muraille, un
chemin couvert, une porte secrète, des cré-
naux qui ne laissent le passage que pour une
seule abeille; l'art qu'elles emploient pour
rendre inutiles les attaques de cet ennemi, est
tel, que les *vaubans* y auraient trouvé des modèles. Des observations suivies, prouvent que
les abeilles ne prennent ces précautions que
lorsqu'elles sont menacées d'invasion : comme
dit M. Hubert, cette prévoyance a-t-elle été
accordée à des êtres qui, à ce que nous croyons,
n'ont pas reçu le don de l'intelligence ? De
pareilles observations, ajoute un de ses cor-

respondans, sont des hymnes continuels d'a-
doration adressés à l'auteur de toutes choses.

Dans mes loges, dont la hauteur de l'entrée
ne permet que le passage d'une abeille, le corps
du sphinx ne pourrait y pénétrer.

TAI

TAILLE. (*Voir Dépouille*).

TRA

TRAVAUX *des abeilles*. Les travaux de la
société des abeilles peuvent être distingués
en *travaux domestiques* et en *travaux champêtres* : les premiers comprennent les soins
qu'exige l'économie de leur logement, tels que
la propreté, l'usage de la propolis pour boucher les issues reconnues inutiles, et pour es-
palmer les parois de l'habitation, la construction des alvéoles, l'ordonnance des rayons,
l'emmagasinement des provisions, les fonctions
de la génération, de la fécondation, les travaux de la ponte, l'éducation du couvain dans
ses diverses périodes d'accroissement, enfin,
l'exercice de la police extérieure et intérieure
de la société pour tout ce qui intéresse sa sûreté
et sa salubrité ; ces divers travaux, d'une exé-

cution facile et moins fatigante, semblent avoir
été confiés à ceux des membres de la société,
dont les forces physiques, affaiblies par les
travaux de la campagne, exigent quelque ménagement. C'est pourquoi, les abeilles les plus
avancées en âge, plus expérimentées, sont chargées des travaux de l'habititation.

Les travaux de la campagne comprennent
la récolte de la propolis, du pollen et du miel.
Ces travaux, qui exigent des courses lointaines et fréquentes de la part des abeilles, et
qui les exposent à mille accidens fâcheux, sont
confiés à ceux des enfans de la famille dont
l'âge et les forces leur permettent de résister
aux courses et aux dangers d'une vie active,
exposée aux intempéries et aux vicissitudes atmosphériques. (*Voir*, pour connaître la manière dont les abeilles exécutent les travaux
champêtres, articles *Miel*, *Pollen*, *Propolis*;
et pour les travaux domestiques, *Ouvrages*,
Ponte, *Couvain*, *Police*, etc.

USA

USAGE *de la cire*. La cire est une substance
grasse, inflammable, de couleur jaune, produite
par les abeilles; (*voir Cire, son origine*). ses
usages sont assez répandus. L'art du cirier,

32 *

consiste à procurer à la cire toute la blancheur possible et de la fondre sous la forme de bougie, de cierge et de flambeau, pour éclairer les appartemens de luxe, servir à la décoration et à l'éclairage de nos temples religieux. On fabrique depuis peu, à Paris, des bougies qu'on appelle *diaphanes*; elles sont d'une blancheur et d'une transparence étonnantes.

Dans les pays qui abondent en cire, comme dans le nord de l'Europe, les habitans de ces contrées éclairent leur logis avec des flambeaux de cire; on s'en sert dans la navigation pour les signaux de nuit. En médecine, la cire forme la base des topiques extérieurs, connus sous les noms d'*emplâtre* et de *cerat*. Enfin, cette substance procure un éclairage dont la clarté ne saurait être comparée à celle qui est produite par les huiles et les graisses, dont l'usage est d'une odeur désagréable.

Il est prouvé que les Egyptiens employaient la cire pour embaumer leurs morts : la résine, le bithume et les gommes odoriférantes n'entraient que secondairement dans la composition de ce baume, dont la cire en fesait la base; ce qui donnait aux momies cette dureté qui frappe encore notre admiration.

Une couche de cire fondue qui enveloppe parfaitement les substances animales les plus

susceptibles de corruption , oppose un obstacle
inpénétrable à l'action de l'air atmosphérique ,
de sorte que la cire jouit de la faculté de conserver les corps tels qu'elle les a trouvés au
moment où l'air a cessé d'agir sur eux. La médecine légale pourrait se servir des propriétés
antiseptiques de la cire, lorsqu'elle est appelée
à constater des faits criminels : elle pourrait
garantir de la décomposition putride , des portions de cadavres sur lesquels elle a reconnu
des traces de violence , que le ministère public a intérêt de conserver pour éclairer sa religion et pour servir à la découverte de quelque
vérité.

Il serait à désirer que la culture des abeilles
s'amelliorât à un point qui pût nous faire espérer de jouir des avantages attachés à l'éclairage
des flambeaux de cire ; nous serions mieux
éclairés et exempts des inconvéniens provenant
de l'usage insalubre des suifs et des huiles.
C'est alors aussi , que la cire devenant moins
coûteuse , les habitans des capitales de l'Europe pourraient se féliciter de n'être plus exposés à devenir la victime des explosions semblables à celles qui ont tant de fois épouvanté
les habitans du voisinage du Vésuve ; de plus,
les réservoirs de gaz hydrogène qui servent à
l'éclairage de Paris , sont des objets de trafic

pour procurer à quelques spéculateurs des revenus immenses, au détriment des cultivateurs d'oliviers et de plantes oléagineuses, dont les terres payent au gouvernement des contributions qui entretiennent les principales ressources de son trésor.

USAGE *du miel.* Ses usages sont répandus partout : ils datent des tems reculés où l'homme s'appropria le fruit des travaux des abeilles sauvages pour le faire servir à ses besoins ; ainsi l'usage du miel est aussi ancien que sa découverte ; ses qualités bienfaisantes sont reconnues partout et comme nourriture et comme boisson. Comme aliment, (*voir Miel, Nourriture, Confiture*), comme boisson, (*voir Hydromel, Sirop, Ratafia et Usage médicinal du miel*). Les médecins ont toujours prescrit, même du tems d'Hippocrate, des boissons miélées aux malades atteints de maladies aigües; selon eux, le miel est pectoral, détersif, légèrement laxatif. Le miel de bonne qualité avec le vinaigre blanc, forme un remède qu'on appelle *oximel simple*, qui a la vertu de dissoudre les humeurs visqueuses qui s'attachent à la gorge et à la poitrine ; il sert aussi pour les gargarismes, pour les lavemens. Le vin miélé est employé avec succès pour guérir les plaies anciennes.

Le miel a fixé l'attention des chimistes pour
en extraire du sucre. M. Braconnot publia dans
le *Bulletin de Pharmacie* (août 1811), une
méthode pour cette opération.

On peut se servir de miel pour conserver
certains objets. En 1802 , il a été envoyé d'I-
talie à Paris , des greffes d'arbres dans une
boîte de fer blanc, remplie de miel ; elles
sont arrivées bien conservées et ont réussi dans
la pépinière du Luxembourg. Cet essai peut
nous conduire à d'autres.

V A P

VAPEURS *qui s'élèvent dans l'intérieur des
ruches.* La chaleur causée par le grand nombre
d'individus renfermés dans un lieu qui ne communique avec l'air extérieur que par une ouverture étroite, s'élève quelquefois à un degré
qui devient insupportable aux abeilles : c'est
alors qu'elles sortent hors de la ruche et se
réunissent en masse , formant ce qu'on appelle
la barbe; cette chaleur excessive dans la ruche,
en excitant la transpiration insensible des individus qu'elle renferme , et augmentée par
celle provenant de leurs organes pulmonaires ,
s'exhale en vapeur au haut de la ruche et s'y
condense pour tomber en gouttes d'eau lim-

pide sur les ouvrages et le couvain des abeilles. Ces eaux sont quelquefois si abondantes,
qu'elles viennent souvent mouiller le support
de la ruche même au-delà de sa circonférence ;
ce qui, dans la saison du printems, est un signe
certain de l'état prospère de la population de
la ruche et de son prochain départ en essaims.
Néanmoins, ces vapeurs sont quelquefois salutaires pendant le tems de la ponte ; elles tiennent le couvain dans un état de moiteur propre
à faciliter son développement. Pendant l'hiver,
elles sont aussi nécessaires, jusqu'à un certain
point, pour entretenir le miel dans un état de
fluidité, propre à la santé des abeilles, étant
recounu, d'après plusieurs expériences, que
le miel grenu ne leur convient pas.

Les anciens cultivateurs, pour éloigner ces
vapeurs du centre des ruches, avaient adopté la
forme conique. Schirac, pour s'assurer de leur
quantité et de leurs effets nuisibles, fit faire des
boîtes à dessus plat, y plaça des rayons contenant du couvain en bas âge et y enferma des
abeilles ; leurs transpirations insensibles, qui
s'élevèrent au haut des boîtes, se convertit
en grosses gouttes d'eau qui tombaient sur les
abeilles ; pour remédier à cet inconvénient,
cet observateur pratiqua une ouverture qu'il
boucha avec une plaque de fer blanc, criblée

de petits trous , et y ajouta des soupiraux pour aider à l'évaporation des vapeurs qui s'exhalaient des abeilles contenues dans la boîte d'observation.

D'après ces considérations , on ne doit rien négliger pour favoriser la chute de ces eaux d'une manière qui ne soit pas nuisible aux abeilles ; il est prouvé que pendant les hivers rigoureux , ces vapeurs se congèlent dans l'intérieur des ruches , comme on peut le remarquer sur des ruches vitrées ; il faut donc que le dessus du logement des abeilles soit convexe , ou sur un plan incliné , ainsi que je le pratique dans mes loge-abeilles. Cette disposition facilite l'écoulement des eaux vers la circonférence de l'habitation et hors du centre , siége ordinaire du couvain ; sans cette précaution , la ruche peut devenir un foyer d'infection et de maladie pour les abeilles qui l'habitent.

VEN

VENTE *du miel.* Les miels se vendent en barils ou en pots. Dans certains pays , il y a des marchands qui courent les cantons où il y a des ruches pour acheter leur dépouille à forfait ou à poids ; ordinairement ils offrent un prix fixe pour chaque ruche faible et forte, et ils trouvent leurs profits dans le nombre qu'ils achètent. Ils ont des laboratoires pour extraire les différentes qualités de miel, fondre les cires en pain ; ils font passer le tout en gros dans le commerce. (*Voir Conservation du miel*).

VER

VERTIGE (LE). C'est une maladie nerveuse. Elle se manifeste chez les abeilles vers les tems de la floraison des plantes , dont les fleurs sont disposées en ombelles , ou en parasols, telles que l'angélique, la carotte, la ciguë, le persil , etc. Cette observation a fait croire que le miel récolté sur les fleurs ombélifères pouvait causer cette maladie. Les abeilles qui en sont attaquées, tournent sans cesse ; les mouvemens de leurs jambes sont pénibles , et ceux de leurs ailes deviennent presque nuls ; elles se traînent à terre avec peine et n'ont pas la force de prendre leur essor. Si on reconnaît que la maladie est produite par le miel provenant des plantes suspectes , il est prudent d'en éloigner les ruches.

VOL

VOLEURS *de ruches.* Quand on considère

le grand nombre d'ennemis que les abeilles ont
à redouter, il est affligeant de penser que l'homme en fasse partie ; il est pénible d'être témoin
que le désir de s'emparer de la propriété d'autrui, fasse naître dans l'homme civilisé des in-
clinations qui n'appartiennent qu'aux peuplades
privées des bienfaits que nous devons aux ins-
titutions divines. Trop souvent, à la faveur
des ombres de la nuit, les voleurs s'emparent
des ruches-mères, en font périr les abeilles, et
vendent à vil prix le fruit de leurs rapines.
D'autres fois, le besoin de la faim en force
d'autres à la satisfaire avec du miel ; nous
voyons avec regret, depuis quelque tems, que
les vols de ruches deviennent toujours plus
fréquens. Je connais un pays, heureusement
situé pour la prospérité des abeilles, et qui retirait annuellement, du produit de ses ruches
dix mille francs de revenu, chez qui les vols
des ruches se sont tellement multipliés, que
leurs propriétaires se sont dégoûtés de cette
culture et que leurs ruchers, jadis si floris-
sans, sont devenus déserts. J'ai la satisfaction
d'annoncer que plusieurs cultivateurs de ce
pays, qui ont vu mon apié, logent leurs abeilles
d'après mon système, avec la certitude que
les voleurs ne les priveront plus des revenus
dont ils avaient joui.

VOYAGE *des ruches.* Pour profiter de la floraison que la différence des climats et la diversité des cultures rendent plus ou moins hâtive, plus ou moins productive aux abeilles, l'histoire nous apprend que dans tous les tems les cultivateurs ont fait voyager leurs ruches pour leur fournir l'occasion de faire plusieurs moissons dans la même année.

Les anciens Egyptiens fesaient voyager leurs ruches sur le Nil; comme dans la Haute-Egypte, les eaux de ce fleuve laissaient plutôt les campagnes à découvert, c'est là que les habitans de ces contrées portaient leurs ruches sur des bateaux. Lorsque les abeilles avaient recueilli les trésors qu'une terre extrêmement fertile avait répandus en abondance autour de leur habitation, on fesait descendre les bateaux deux ou trois lieues plus bas, afin de pouvoir recueillir les présens que leur offrait le nouveau séjour : on les conduisait ainsi successivement d'un lieu à un autre, jusque dans la Basse-Egypte. Au rapport de Collumele, les Grecs portaient leurs ruches de l'Achaïe dans l'Attique, où la saison des fleurs est plus tardive. Du tems de Pline, les Romains qui habitaient les rives du Pô, mettaient leurs ruches sur des bateaux, auxquels ils fesaient, pendant la nuit, remonter le fleuve de cinq milles ;

quand les abeilles avaient rempli leurs magasins, ce que l'on connaissait à l'enfoncement
du bateau dans les eaux du fleuve ; on les rame-
nait pour les vider. Les Chinois, dont le
pays est traversé par des rivières navigables,
font également voyager leurs ruches ; les Es-
pagnols les transportent d'un lieu à un autre
à dos de mulets ; en Bretagne, en Gatinois,
en Provence, en Languedoc, dans beaucoup
de provinces de la France, on fait passer les
ruches d'un endroit à un autre, pour leur faire
suivre les différentes saisons des fleurs. Ordinairement on ne fait voyager que des ruches
faibles.

Lorsque la saison est favorable à la récolte
du miel et de la cire, les abeilles trouvent suffisamment de provisions pour combler leur
grenier d'abondance. La difficulté de transporter les ruches, les frais de voyage, absor-
bent une partie des profits qu'on peut retirer
de ces déplacemens. L'art de gouverner les
abeilles et d'en retirer des produits, consiste à
entretenir ses ruches toujours bien peuplées ;
c'est le moyen d'exciter leur émulation pour
profiter des ressources que la nature leur offre
dans tous les pays, si toutefois la saison leur
est favorable.

FIN.

TABLE

Des Matières.

L.

M.

N.

O.

P.

Q.

R.

S.

FIN DE LA TABLE.

AVIS.

Les personnes qui désirent connaître la culture des abeilles, pourront lire cet ouvrage en forme de Traité Élémentaire, en suivant l'ordre des matières indiqué ci-après :

HISTOIRE NATURELLE.

PARTIE ÉCONOMIQUE.

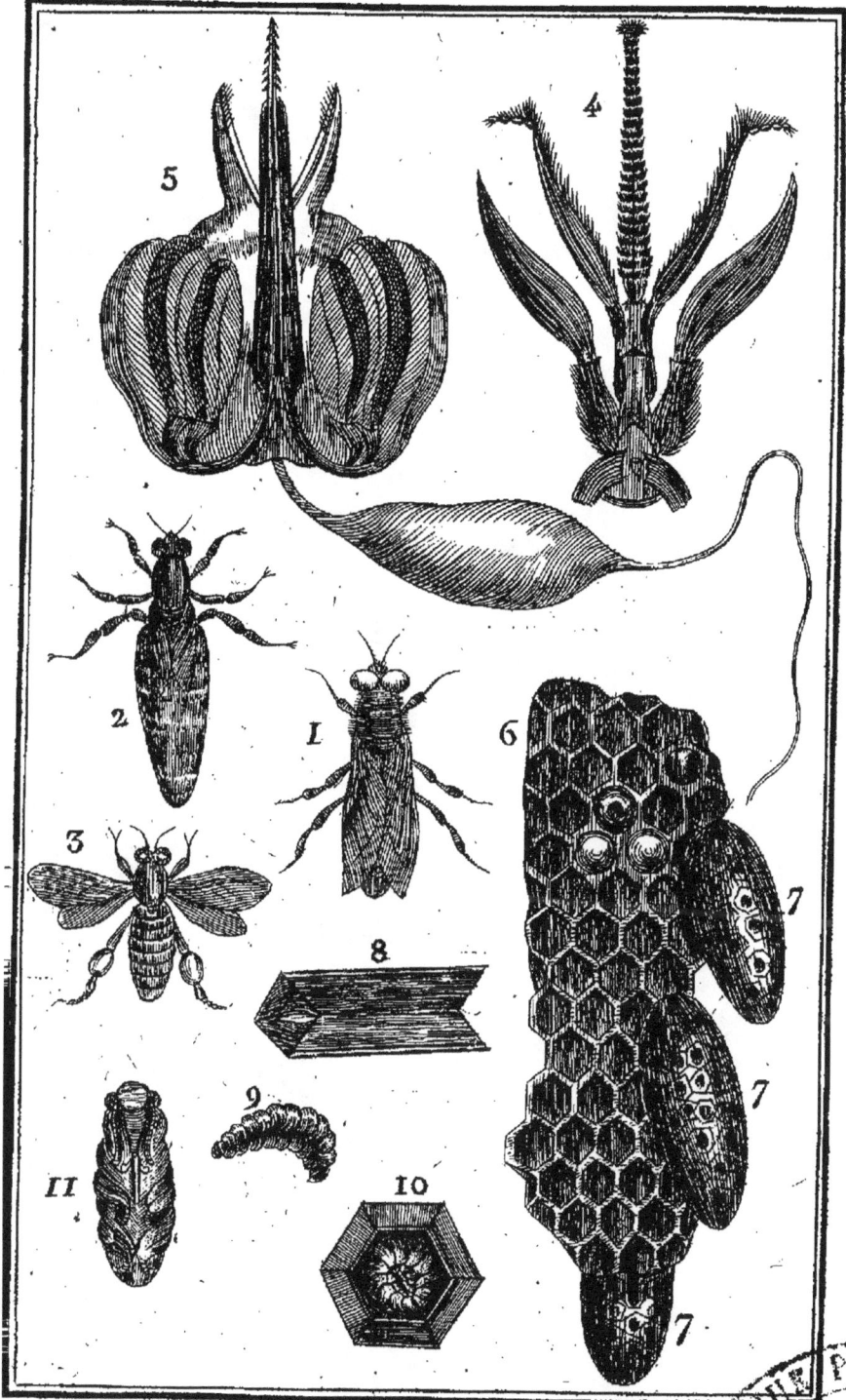

Pl. I.

Pl. 2

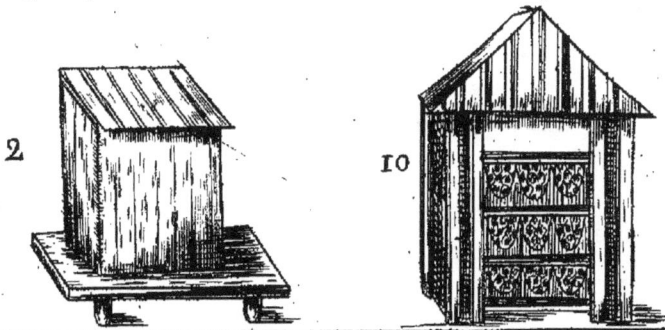

Pl. 3.

I

2

3

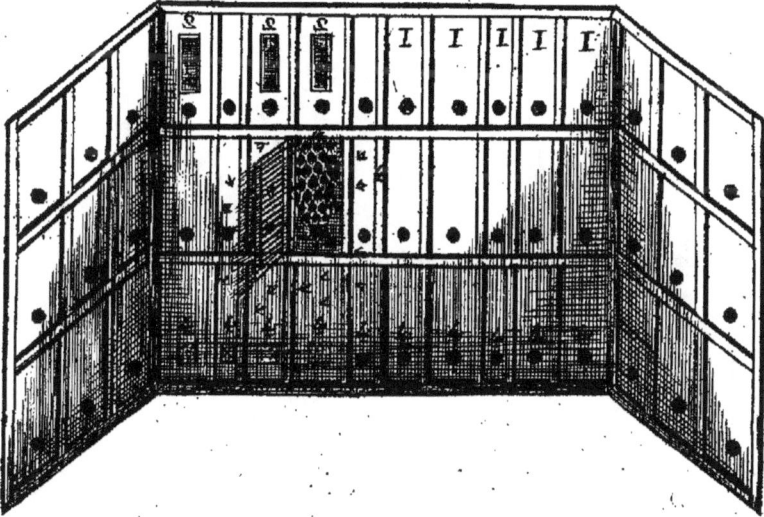

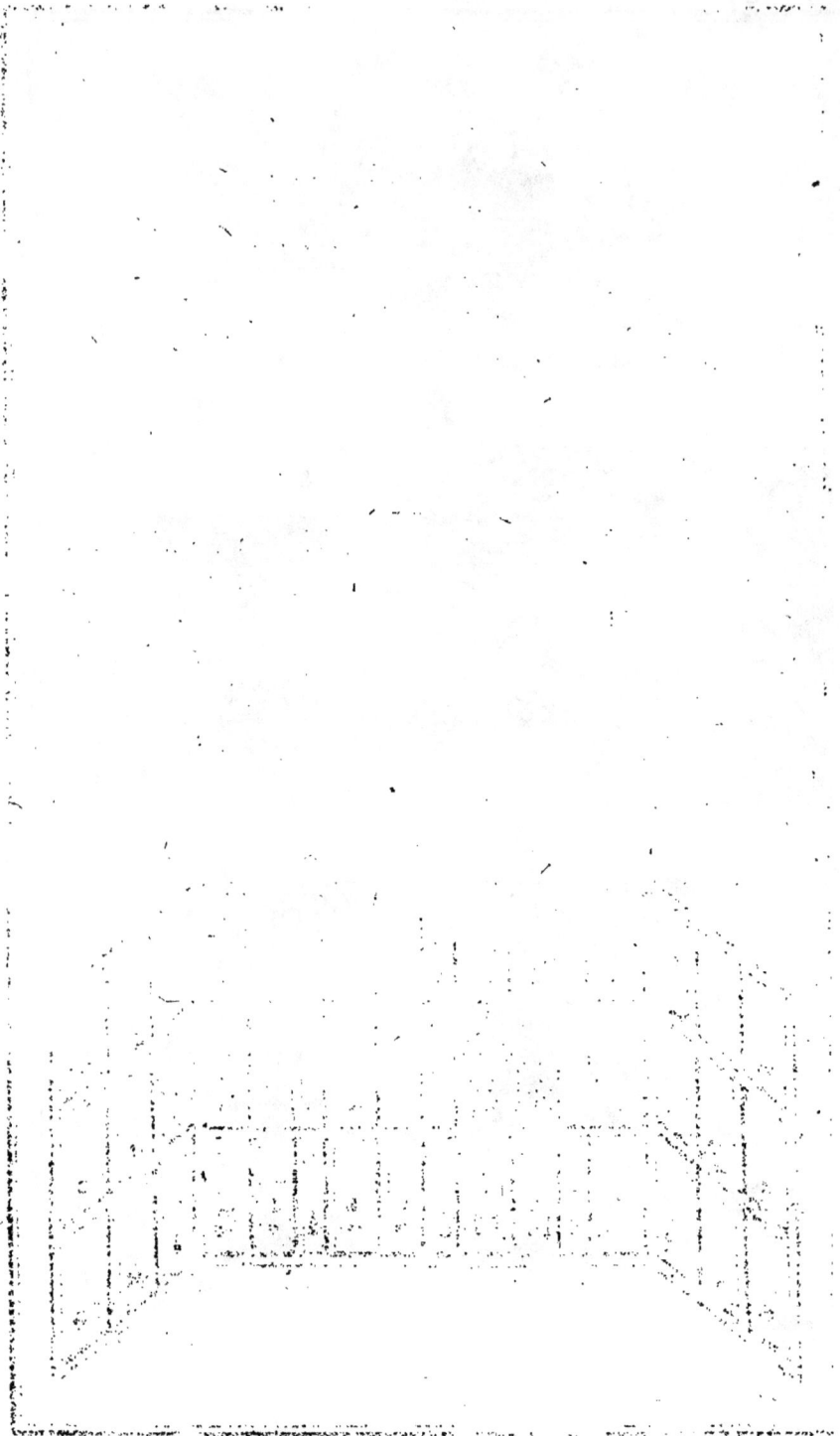

www.ingramcontent.com/pod-product-compliance
Lightning Source LLC
Chambersburg PA
CBHW061000220326
41599CB00023B/3781